W0257590

Titelbild: Schiebekalender nach J. I. Schur

Ewige Kalender

A. W. BUTKEWITSCH† UND M. S. SELIKSON†

6. Auflage

Mit 22 Abbildungen

BSB B. G. Teubner Verlagsgesellschaft
Leipzig 1989

Kleine Naturwissenschaftliche Bibliothek · Band 23
ISSN 0232-346 X

Titel der Originalausgabe:
А. В. Буткевич, М. С. Зеликсон,
Вечные календари
Verlag NAUKA, Moskau 1969
Deutsche Übersetzung:
Dipl.-Ing. J. Voigt, Leipzig
Wissenschaftliche Redaktion:
Dipl.-Ing. J. Singer, Leipzig

Butkevič, A. V.:
Ewige Kalender / A. W. Butkewitsch u. M. S. Selikson. – 6. Aufl. –
Leipzig: BSB Teubner, 1989. – 112 S.: 22 Abb., 38 Tab.
(Kleine Naturwissenschaftliche Bibliothek; Bd. 23)
EST: Vecnye kalendari ⟨dt.⟩
NE: Zelikson, M. S.: ; GT ; EST

ISBN 978-3-322-00393-5   ISBN 978-3-322-93033-0 (eBook)
DOI 10.1007/978-3-322-93033-0

6. Auflage
VLN 294-375/102/89 · LSV 1409
Lektor: Roland Brauer

Gesamtherstellung: INTERDRUCK Graphischer Großbetrieb Leipzig,
Betrieb der ausgezeichneten Qualitätsarbeit, III/18/97
Bestell-Nr. 665 696 1
00590

Vorwort zur 5. Auflage

Die Daten unseres Gregorianischen Kalenders fallen jedes Jahr auf einen anderen Wochentag. Wissenschaftler und auch Laien erdachten und konstruierten deshalb „ewige Kalender". Damit werden ganz unterschiedliche Einrichtungen (Tabellen, Formeln, Rechenschieber, Mechanismen, auch Rechnerprogramme) bezeichnet, die der Bestimmung der Wochentage zurückliegender oder zukünftiger Daten dienen. In einem bisher nie verwirklichten Weltkalenderprojekt wird ein konstanter Kalender vorgeschlagen, der auch als ewiger Kalender anzusehen ist.
Mit Fleiß und Ausdauer haben die Autoren, die nunmehr beide verstorben sind, ewige Kalender unterschiedlicher Systeme aus teilweise schwer zugänglichen Quellen zusammengetragen.
Prof. Butkewitsch, geb. 1914, war seit 1968 Inhaber des Lehrstuhls für höhere Geodäsie und Astronomie am Polytechnischen Institut Lwow. Er veröffentlichte über 150 wissenschaftliche Arbeiten und erhielt mehrere Medaillen und Auszeichnungen. Als Schachmeister und Trainer bildete er 9 Schachmeister heran.
Aus meinem Briefwechsel mit Prof. Butkewitsch weiß ich, daß er stets um die Verbesserung und Erweiterung der „Ewigen Kalender" bemüht war – sowohl der russischen als auch der deutschen Ausgabe, die seit der 2. Auflage unabhängig weiterentwickelt wurde. Kurz vor seinem Tode schloß Prof. Butkewitsch das Manuskript für eine neue russische Auflage ab, deren Erscheinen er ebenso wie das der neuen deutschen Auflage nicht mehr erlebte.

Leipzig, im März 1986   Jindra Singer

Inhalt

Einführung

Allgemeine Angaben über den Kalender

Die Geschichte der menschlichen Kultur ist eng mit dem Kalender als bestimmtes System geordneter Zeitrechnung verbunden wie auch mit dem Zählen allgemein.

Die wichtigste Voraussetzung für das Entstehen von Kalendern war die Entwicklung der Menschen infolge der ersten Arbeitsprozesse, die mit periodischen Naturerscheinungen, wie Wechsel von Tag und Nacht, Mondphase, Jahreszeiten und ähnlichen, abstrakten Vorstellungen über die Zeit und mit der Notwendigkeit ihrer Messung verbunden waren.

Karl Marx schrieb im „Kapital": „Die Notwendigkeit, die Perioden der Nilbewegung zu berechnen, schuf die ägyptische Astronomie und mit ihr die Herrschaft der Priesterkaste als Leiterin der Agrikultur. ..." Somit kann man den Kalender, zumindest in seiner Anfangsform, zu den ältesten Errungenschaften des menschlichen Verstandes zählen, d. h. zu solchen Kategorien wie Schrift und Zählen.

Das hohe Alter des Kalenders kann man schon daraus ersehen, daß schon ungefähr 3000 Jahre vor unserer Zeitrechnung die alten Ägypter ein relativ vollkommenes Kalendersystem hatten. Ihr Jahr bestand aus 12 Monaten zu je 30 Tagen. Darüber hinaus hatten sie noch 5 zusätzliche Tage, d. h. insgesamt 365 Tage. Der Fehler der Jahreslänge in diesem Kalender betrug 0,25 Tage, und der Jahresanfang durchlief in $365/0,25 = 1460$ Jahren (Sothis- oder Hundssternperiode) das ganze Jahr. Obwohl dieses System kein Schaltverfahren, d. h. keine periodische Berichtigung des Kalenders, aufwies und deshalb in astronomischer Hinsicht recht grob war, war es jedoch seinem inneren Aufbau nach — so seltsam es auch klingen mag — besser und bequemer als der moderne Gregorianische Kalender.

Nebenbei sei erwähnt, daß man unter innerer Kalenderstruktur die Übereinstimmung der Wochentage mit den Monatsdaten versteht. Unter der äußeren Kalenderstruktur dagegen ist die Schaltregel zu verstehen, d. h. die Übereinstimmung der Länge des Kalenderjahres mit der Länge des tropischen Jahres. Worin bestehen nun die Schwierigkeiten der Schaffung eines genauen und hinreichend bequemen Kalenders? Im Unterschied zum Zählen allgemein besitzt die Zeitrechnung einige Besonderheiten. Außer ihrer Nichtumkehrbarkeit und der Unmöglichkeit der künstlichen Wiedererzeugung bedeutender Zeiträume ist das die Unvergleichbarkeit der drei hauptsächlichsten natürlichen Zeitspannen, die von den Menschen von der Natur als Vergleichsmaß entlehnt worden sind: des mittleren Sonnentages, des synodischen Mondmonats und des tropischen Sonnenjahres [9, 17, 30]. Der mittlere Sonnentag ist die Zeit der Drehung der Erde um ihre Achse, die 24 h dauert. Ein synodischer Monat, im Mittel gleich 29,5306 Sonnentage, ist der Zeitabschnitt zwischen zwei aufeinanderfolgenden gleichen Mondphasen, z. B. den Neumondphasen. Ein tropisches Jahr ist die Zeit zwischen zwei aufeinanderfolgenden Durchgängen der Sonne durch den Frühlingspunkt auf ihrer scheinbaren Bahn am Himmel (365,2422 Sonnentage). Mit dem tropischen Jahr ist der Wechsel der Jahreszeiten verbunden.

Die Siebentagewoche – eine abgeleitete Periode (sieben Tage entsprechen ungefähr einem Viertel eines Mondmonats oder der Zeitdauer einer Mondphase) – wurde in den Ländern des Alten Ostens eingeführt und ist religiös-astrologischer Herkunft. Im Altertum waren dem Menschen sieben Planeten, d. h. „wandelnde Himmelskörper", bekannt (Sonne, Mond, Merkur, Venus, Mars, Jupiter und Saturn), und jedem wurde ein Wochentag gewidmet (Abb. 1). Daraus stammt auch der alte Kult der Zahl Sieben, der sich bis heute in Sprichwörtern und Redensarten erhalten hat.

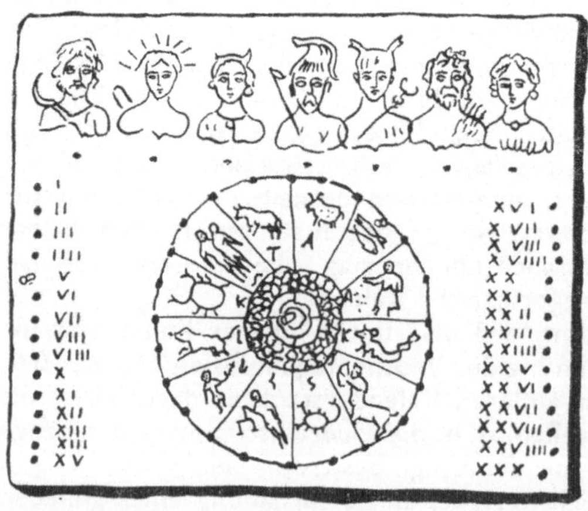

Abb. 1. Römischer Sonnenkalender mit Darstellung der Tierkreiszeichen und Schutzgötter der Wochentage

Es gibt mehrere, von verschiedenen Völkern geschaffene Kalendertypen:

a) Sonnenkalender, bei denen die Jahreslänge mit der Tageslänge abgestimmt ist;
b) (freie) Mondkalender, bei denen die Monatslänge mit der Tageslänge abgestimmt ist;
c) gebundene Mondkalender oder Lunisolarkalender, bei denen die Jahreslänge mit der Monats- und Tageslänge abgestimmt ist.

Historisch gesehen, erlangte schon gegen Ende des Mittelalters und zu Beginn der Renaissance (14.–15. Jahrhundert) in den europäischen Ländern der Julianische Kalender, ein Sonnenkalender, vorrangige Bedeutung und danach (im Prozeß seiner weiteren Entwicklung und Präzisierung) der Gregorianische Kalender (eingeführt auf Anordnung des römischen Papstes Gregor XIII. im Oktober 1582). Letzterer hat heute einen fast internationalen Charakter, da er von den meisten Ländern der Erde angenommen wurde. Der schon 400 Jahre existierende Gregorianische Kalender hat eine Reihe von ernsthaften Mängeln, und in unserer Zeit der intensiven Entwicklung der Wissenschaft, Technik und internationalen Beziehungen kann er schon nicht mehr vollständig den Forderungen des ökonomischen und kulturellen Lebens der Gesellschaft genügen.

Zum besseren Verständnis sei erwähnt, daß sich die historische Entwicklung des Sonnenkalenders vom altägyptischen bis zum jetzigen Gregorianischen Kalender nicht in Richtung der Verbesserung seiner inneren Struktur vollzog, sondern vielmehr in Richtung seiner Präzisierung, d. h. der Verbesserung seiner äußeren Struktur (des Schaltsystems). Mit Einführung der Siebentagewoche im Jahre 325 u. Z. auf Beschluß des Konzils von Nicäa verschlechterte sich die innere Struktur des Julianischen Kalenders sogar.

Hinsichtlich der Genauigkeit bedeutete der im Jahre 46 v. u. Z. eingeführte Julianische Kalender mit seinem Schaltverfahren (1mal in 4 Jahren) und seiner mittleren Länge von 365,25 Tagen im Vergleich zu dem altägyptischen Kalender einen Fortschritt. Der Fehler des Kalenderjahres wurde so von $-0,2422$ auf $+0,0078$ Tage verringert, d. h. um das 31fache.

Durch Einführung des Gregorianischen Kalenders im Jahre 1582 (97 Schaltungen in 400 Jahren) mit einer Jahreslänge von $365^{97}/_{400}$ $= 365,2425$ Tagen konnte der Fehler in der Jahreslänge auf $+0,0003$ Tage, d. h. um das 26fache im Vergleich zum Julianischen Kalender, verringert werden.

Der Gregorianische Kalender weist auf einer Zeitdauer von 400 Jahren 97 Schaltjahre auf, d. h. drei weniger als der Julianische Kalender. Im Gregorianischen Kalender werden die Jahrhundertjahre, die nicht durch vier teilbar sind, als Gemeinjahre gezählt. So sind z. B. die Jahre 1700, 1800 und 1900 Gemeinjahre (im Julianischen Kalender dagegen Schaltjahre) und die Jahre 1600, 2000 usw. Schaltjahre.

Man kann annehmen, daß der Gregorianische Kalender in seiner Genauigkeit selbst den strengsten Forderungen der Gegenwart gerecht wird. Ein Fehler von 1 Tag tritt erst in 3280 Jahren (!) auf, was natürlich praktisch keinerlei Bedeutung hat.

Es wurden auch Kalendersysteme mit noch genauerer Jahreslänge vorgeschlagen.

Da ein Kalendersystem mit einer Zeitrechnung oder Ära verbunden ist, sei zunächst dieser Begriff erläutert. Als astronomische Ära wird die Jahreszählung von einem bestimmten Zeitpunkt, der Epoche, an bezeichnet. Ären können sowohl an reelle historische Ereignisse geknüpft sein, z. B. an die Herrschaft des römischen Imperators Diokletian vom 29. August 284 u. Z. oder an die Große Französische Revolution vom 22. September 1792 als auch an legendäre Ereignisse, wie z. B. an die „Gründung Roms", die „Geburt Christi" oder an die „Erschaffung der Welt"!

Die Einführung des Kalenders des persischen Astronomen, Mathematikers und Dichters Omar Chayyam (1050–1123) war ab 15. März 1079 vorgesehen (die sog. Ära des „Dschelal-Edin"). Er weist für eine Zeitdauer von 33 Jahren 8 Schaltjahre auf, woraus sich eine mittlere Jahreslänge von $365^8/_{33} = 365{,}24221$ Tagen ergibt. Dieses System fand aber keine praktische Anwendung, erst 700 Jahre später wurde es in Frankreich während der Großen Französischen Revolution vom Konvent als Grundlage des neuen Revolutionskalenders eingeführt. Es war danach in Frankreich 13 Jahre (1792–1805) in Gebrauch und wurde auf Forderung des Vatikans durch Napoleon I. abgeschafft.

Einen noch genaueren Kalender schlug 1836 der Professor der Universität Dorpat (heute Tartu, Estn. SSR) J. H. Mädler vor. In diesem Kalender entfielen auf eine Periode von 128 Jahren 31 Schaltjahre, was eine mittlere Jahreslänge von $365^{31}/_{128} = 365{,}2422$ Tagen ergibt. Aber auch dieses System fand keine Anwendung [17].

Der jugoslawische Astronom Milanković schlug 1922 ein Neujulianisches Kalendersystem vor, in dem die Jahreslänge $365^{218}/_{900} = 365{,}24222$ Tage beträgt. Es wird in Griechenland, Jugoslawien,

Rumänien und Bulgarien angewandt und stimmt bis zum Jahre 2799 mit dem Gregorianischen Kalendersystem überein.

Wie man sieht, erwiesen sich all diese Systeme als praktisch nicht notwendig: Das Schaltverfahren im Gregorianischen Kalender ist dermaßen genau und bequem, daß seine Änderung nicht erforderlich ist.

Die Mängel des jetzigen Gregorianischen Kalenders bestehen somit nicht in seiner Ungenauigkeit und seinem Schaltverfahren, sondern in der Unvollkommenheit seiner inneren Struktur:

1. Die Wochentage sind sowohl in unterschiedlichen Jahren als auch innerhalb eines Jahres nicht mit den Monatstagen abgestimmt. Hieraus ergibt sich die Schwierigkeit der Bestimmung eines Wochentages nach dem Kalender innerhalb eines Jahres und natürlich auch innerhalb größerer Zeitabschnitte.
2. Die Halbjahre, Quartale und Monate enthalten ungleiche Tageszahlen: die Halbjahre 181, 182 und 184, die Quartale 90, 91 und 92 und die Monate 28, 29, 30 und 31 Tage.
3. Die Wochen folgen unabhängig von den Monatslängen und -tagen aufeinander.
4. Die Anfänge unterschiedlicher Monate fallen auf unterschiedliche und sich außerdem von Jahr zu Jahr ändernde Wochentage.

Hieraus erklärt sich auch die Schwankung der Anzahl der Arbeitstage in den unterschiedlichen Monaten eines Jahres und in denselben Monaten verschiedener Jahre und die Verschiebung der Feiertage über alle Wochentage. Eine allgemeine Folgeerscheinung dieser unvollkommenen inneren Struktur des jetzigen Kalenders sind die ständigen Schwierigkeiten bei der Planung, Statistik, beim Ausarbeiten von Fahrplänen, von verschiedenen Perspektivplänen, ganz zu schweigen von der Lösung chronologischer Aufgaben, wo man es mit zeitlich sehr weit auseinanderliegenden Ereignissen zu tun hat.

Im Zusammenhang damit ist auch das Entstehen der Idee über eine Reform des Gregorianischen Kalenders (schon in der ersten Hälfte des 19. Jh.) als radikales Mittel zur Beseitigung seiner Hauptmängel zu erklären. Diese Idee ist noch aktuell, da die breite Entwicklung der internationalen ökonomischen und kulturellen Beziehungen die obengenannten Mängel des Gregorianischen Kalenders besonders kraß hervortreten läßt.

Aber die eine Seite ist die Idee und die andere deren praktische Durchsetzung. Die Geschichte ist reich an Beispielen eines lange dauernden Kampfes für die Durchsetzung neuer Ideen. Eine

Kalenderreform ist eine sehr schwierige und ernste Maßnahme, die nicht nur mit dem Bruch jahrhundertealter Traditionen verbunden ist, sondern vor allem mit einer breiten, echten Weltübereinkunft, die nicht leicht und nicht gleich zu erreichen ist. Schon in den dreißiger Jahren dieses Jahrhunderts wurde von einer Sonderkommission des Völkerbundes das Projekt einer Reform des jetzigen Kalenders erörtert. Der zweite Weltkrieg hemmte vorübergehend die Untersuchung dieses Problems.

Auf Initiative Indiens wurde im April 1956 das Projekt der Kalenderreform auf der 21. Sitzung des Wirtschafts- und Sozialrates der UNO ein zweites Mal behandelt. Das besondere Interesse Indiens an einem neuen Kalender ist damit zu erklären, daß nach der ehemaligen kolonialen Zersplitterung auf seinem Territorium bis 1957 mehr als 30 unterschiedliche örtliche Kalendersysteme existierten. Daraus erwuchsen natürlich der Republik Indien als einheitlichem Staat bestimmte Nachteile.

Von den vielen hundert vorgeschlagenen Reformprojekten sind insbesondere zwei von Interesse. Nach dem Projekt des Italieners Marco Mastrofini soll das Jahr aus 13 Monaten mit je 28 Tagen und einem oder zwei (im Schaltjahr) zusätzlichen Tagen ohne Datum und Wochentagsbezeichnung bestehen. In einem solchen Jahr sind jedoch die Halbjahre und Quartale nicht gleich. Nach dem Projekt des Franzosen M. Armelin soll das Jahr aus 12 Monaten bzw. 4 Quartalen mit je 91 Tagen (d. h., ein Quartal umfaßt 13 Wochen oder 3 Monate) und einem oder zwei zusätzlichen Feiertagen – „Neujahr" nach dem 30. Dezember und „Tag des Friedens und der Völkerfreundschaft" (Weltfriedenstag) nach dem 30. Juni eines Schaltjahres – bestehen (Abb. 2). Der erste Monat eines jeden Quartals soll 31, die übrigen Monate je 30 Tage enthalten. Der erste Tag des Jahres und jedes Quartals sollen immer Sonntage sein. In diesem Kalender ist die An-

	Januar April Juli Oktober					Februar Mai August November					März Juni September Dezember				
Sonntag	1	8	15	22	29		5	12	19	26		3	10	17	24
Montag	2	9	16	23	30		6	13	20	27		4	11	18	25
Dienstag	3	10	17	24	31		7	14	21	28		5	12	19	26
Mittwoch	4	11	18	25		1	8	15	22	29		6	13	20	27
Donnerstag	5	12	19	26		2	9	16	23	30		7	14	21	28
Freitag	6	13	20	27		3	10	17	24		1	8	15	22	29
Samstag	7	14	21	28		4	11	18	25		2	9	16	23	30 W

Abb. 2. Weltkalender, basierend auf dem Projekt von M. Armelin (1888) [35, 44, 45]; W Weltfeiertag

zahl der Werktage in allen Monaten gleich 26, wodurch Arbeitszeitberechnungen stark vereinfacht werden.

Interessant ist, daß der Kalender von Armelin dem altertümlichen Essenischen Kalender sehr ähnelt. Beduinen entdeckten
im Frühjahr 1947 in der Wüste von Jordanien an der Küste des
Toten Meeres im einstigen Siedlungsgebiet der Essener bei
Chirbet Qumran eine Höhle und in ihr Lederrollen mit mehr
als zweitausend Jahre alten Schriften. Die Essener besaßen einen
originellen Kalender. Das Jahr bestand aus 364 Tagen und wurde
in 4 Quartale mit je 91 Tagen eingeteilt. Das Jahr hatte 12 Monate, in denen 8 aus 30 und 4 aus 31 Tagen bestanden (die Monate mit 31 Tagen waren jeweils die letzten eines jeden Quartals). Das Jahr wurde genau in 52 Wochen unterteilt, und das
neue Jahr begann immer mit einem Mittwoch. Somit war der
essenische Kalender eigentlich der erste „ewige" Kalender [35].

Das Projekt des französischen Astronomen Armelin wurde als
am akzeptabelsten anerkannt. Da jedoch die Vertreter der verschiedenen Staaten zu keiner einheitlichen Meinung kamen,
wurde ein Beschluß über eine zusätzliche Untersuchung dieser
Frage gefaßt. Hauptsächlich spielten hierbei die Einwände der
USA und Englands eine Rolle, die mit religiösen Erwägungen
verbunden waren (Angst vor „wandernden" Sonntagen und
Samstagen und einige andere Schwierigkeiten im Zusammenhang mit dem „heiligen" Osterfest).

Aber die Bequemlichkeit des projektierten Kalenders ist so
groß, und die Vorteile sind so offensichtlich, daß sich die Reformidee unweigerlich Bahn brechen und letzten Endes sowohl Vorurteile als auch Konservatismus überwinden wird; aber wann,
ist schwierig vorauszusehen [27]. Es sei noch vermerkt, daß
1954 als Antwort auf die Anfrage des Wirtschafts- und Sozialrates der UNO der römische Papst Johannes XXIII. erklärte:
„Wenn ernsthafte Gründe für eine Reform vorliegen, motiviert
durch Forderungen des ökonomischen und sozialen Lebens der
Völker der Welt, so wird die katholische Kirche dem keine
Hindernisse in den Weg legen" (d. h. der Durchführung der
Reform – d. A.) [40].

Wesen und Bedeutung eines ewigen Kalenders

Unter Berücksichtigung dessen, daß die Bezeichnung „ewiger"
Kalender allgemein üblich ist, werden wir sie ungeachtet der
Bedingtheit des Wortes „ewig" beibehalten. Es sei noch be-

merkt, daß, historisch gesehen, die Idee eines ewigen Kalenders
noch vor der Idee einer Kalenderreform auftauchte.

Einer der Hauptmängel des Gregorianischen Kalenders besteht
in der Nichtübereinstimmung zwischen der Tagesfolge in einem
Monat und den Wochentagen, die monoton und unabhängig
von den astronomischen Erscheinungen aufeinanderfolgen.

Es sind also Verfahren für eine bequeme und schnelle Bestimmung des Wochentages eines beliebigen Kalenderdatums unserer Zeitrechnung gesucht.

Diese Aufgabe hat sich als lösbar erwiesen, und die vorgeschla-
genen Lösungsmethoden sind vielfältiger Art. Sie unterscheiden
sich in ihren Methoden, ihrem Schwierigkeitsgrad und in der
Art ihrer Handhabung und umfassen unterschiedliche Kalender-
perioden: von einem Monat und einem Jahr bis zu mehreren
Jahrtausenden. Man kann sie aber alle unter der gemeinsamen
Bezeichnung „ewiger Kalender" vereinen, indem man diesen
Begriff im bedingten Sinne auffaßt.

Die Geschichte des ewigen Kalenders, die ungefähr zweieinhalb-
tausend Jahre zurückreicht, ist höchst interessant und lehrreich.
Neben vielen Astronomen und Mathematikern (Airy, Gauß,
Zeller, Jacobsthal, Arago u. a.) beschäftigten sich mit diesem
Problem in der UdSSR und im Ausland auch nicht wenige Ama-
teure. Analytische Lösungen dieses Problems gibt es seit etwa
150 Jahren.

In den vierziger Jahren dieses Jahrhunderts nahm in der UdSSR
die Zahl der Vorschläge für neue ewige Kalender zu. Das hatte
bestimmte Ursachen. Im Oktober 1929 beschloß der Rat der
Volkskommissare der UdSSR die Einführung der unterbroche-
nen Fünftagewoche mit 12 Monaten zu je 30 Tagen und fünf
„überjahreszähligen" arbeitsfreien Tagen (22. 1., 1. und 2. 5.,
7. und 8. 11.), im November 1931 den Übergang zur Sechstagewoche. Im Jahre 1940 wurde in der UdSSR in Abänderung der
seit 1931 bestehenden Sechstagewoche wieder die Siebentagewoche eingeführt und die Wochentagsbezeichnungen (Montag,
Dienstag usw.), die ihre Bedeutung verloren hatten, wieder
„rehabilitiert". Im Ergebnis dessen wuchs das Interesse am
Kalender allgemein und am ewigen Kalender im besonderen,
und es begann eine eigene Art von Wettbewerb in der Aus-
arbeitung des besten ewigen Kalenders. Dieser Wettbewerb
war nicht nur ein einfaches Spiel des Verstandes auf dem Gebiet
der angewandten Mathematik, sondern errang eine sehr be-
achtliche Bedeutung und war sowohl hinsichtlich der Ausarbei-
tung der mathematischen Theorie dieses mit der Zahlentheorie

verbunden Problems als auch in Hinblick auf die praktische Auswahl der vollkommensten und bequemsten Methode zur Bestimmung des Wochentages aus dem Kalenderdatum nutzbringend.

Im Endergebnis konnten die Rechenverfahren für die Lösung dieser Aufgabe bedeutend vervollkommnet werden, und der moderne ewige Kalender wurde zu einer einfachen, nützlichen und bald auch zu einer notwendigen Ergänzung des Gregorianischen Kalenders, die merklich die mit seinem Hauptmangel (Verschiebung der Wochentage) verbundene Unbequemlichkeit minderte. Diese „Minderung" ist besonders deutlich bei der Lösung von sog. chronologischen Aufgaben spürbar, bei denen die Wochentage von Daten bestimmt werden müssen, die um einen sehr großen Zeitabschnitt zurückliegen.

Arten und Wiederholungszyklen ewiger Kalender

Alle vorgeschlagenen Verfahren zur Bestimmung des Wochentages aus dem Datum kann man in drei Hauptgruppen einteilen: mechanische, tabellarische und analytische Verfahren.

Die erste Gruppe ist durch die Anwendung von Mechanismen unterschiedlicher Kompliziertheit gekennzeichnet.

Die zweite Gruppe umfaßt Tabellen unterschiedlicher Konstruktion, Kompliziertheit und Geltungsdauer.

Diese Tabellen können in bewegliche und unbewegliche unterteilt werden.

Das Merkmal der dritten Gruppe sind Formeln für die Berechnung der Wochentage aus dem Datum.

Die ältesten astronomischen Bauten (in Peru, Babylon und Stonehenge) stammen aus dem 3.–2. Jahrtausend v. u. Z. und dienten der Bestimmung der Wiederkehr der Sommer- und Wintersonnenwende, der Richtungen des Sonnenauf- und -unterganges an den verschiedenen Tagen des Jahres usw.

Die mechanischen Kalender späterer Zeiten sind Uhren, die gleichzeitig auch die Funktion eines Kalenders mit erfüllen. Einige von ihnen, mit großer Vollkommenheit ausgeführt, wurden zu unübertroffenen Meisterwerken der Technik und lassen uns noch heute die bemerkenswerte Feinheit und Genauigkeit der Herstellung bewundern (z. B. der griechische Mechanismus von der Insel Antikythera – 1. Jahrhundert v. u. Z., die Kalenderuhr von Kulibin – 18. Jh., die Uhr von Billiter – 19. Jh. und die Prager astronomische Kunstuhr, die sog. Aposteluhr). Derartige

Mechanismen fanden jedoch infolge ihrer Kompliziertheit und Kostspieligkeit keine breite Anwendung, sie bleiben aber einzigartige Werke technischer Kunstfertigkeit.

Die Anfänge von Kalendertabellen gehen auf altertümliche Angaben über die Wiederholungsperiode des bereits 6 Jahrhunderte v. u. Z. in China und Babylon entdeckten Saroszyklus (223 synodische Monate = 6585,32 Tage = 18 Jahre und 10,8 oder 11,8 oder 12,8 Tage) und auf astronomische Tafeln – Toledische, Alfonsinische, Preußische, Rudolfinische (15.–16. Jh.) – zurück [5].

Späterhin begann man solche Tabellen mit beweglichen Elementen – Scheiben, Linealen, Bändern usw. – auszurüsten. Als älteste Mechanismen solcher Art sind wahrscheinlich der von B. E. Tumanjan [38] beschriebene Mondanzeiger des 14. Jh. und der Kalenderkompaß von Denisow aus dem Jahre 1787 [19] zu nennen.

Durch größte Einfachheit und Universalität zeichnen sich die von den Amateurastronomen L. T. Sacharowski 1955 [33] und I. G. Wolkow 1962 [10] ausgearbeiteten Schiebekalender aus. Die Tabellenkalender, zu denen die überwiegende Zahl der heute bekannten ewigen Kalender gehört, sind i. allg. bequemer und schneller zu handhaben als die analytischen Kalender (Kalenderformeln). Letztere sind jedoch in mathematischer Hinsicht strenger und sind in einigen Fällen theoretische Grundlage und Kontrollmittel für die Tabellenkalender.

Eine solche Klassifikation der ewigen Kalender kann man als grundlegend bezeichnen. Darüber hinaus kann man in jeder Gruppe noch eine Einteilung der Kalender nach einem anderen Merkmal vornehmen, z. B. nach der Geltungsdauer der Kalender:

1. kurzfristige Kalender für eine Dauer von weniger als 28 Jahren;
2. mittelfristige oder hundertjährige Kalender für einen Zeitraum von 28–100 Jahren;
3. langfristige oder „ewige" Kalender für sehr große Zeitabschnitte (über 100 Jahre).

Der Zeitabschnitt von $28 = 7 \times 4$ Jahren stellt den „mittleren" Wiederholungszyklus des Kalenders dar, nach dem alle Kalenderdaten wieder auf die gleichen Wochentage fallen. Nach jeweils 4 Jahren wiederholen sich die Schaltjahre, nach jeweils 7 Jahren die Wochentage. Die Zahl 28 stellt das kleinste gemeinsame Vielfache dieser zwei Perioden dar. Deshalb kann ein für 28 Jahre ausgearbeiteter Kalender auch für 56, 84 und jedes beliebige Vielfache von 28 Jahren benutzt werden. Ausnahmen bilden die Zeitabschnitte (neuen Stils), in denen der Übergang von einem nicht durch 4 teilbaren Jahrhundert in das nächste geschieht, z. B. aus dem 18. in das 19., aus dem 19. ins 20. Jahrhundert usw. In diesen Fällen wird die Zählung 28jähriger Perioden verletzt und muß von vorn begonnen werden. Beim Übergang aus einem durch 4 teilbaren Jahrhundert in das nächste, z. B. aus dem 16. ins 17. oder aus dem 20. in das 21. Jahrhundert, wird die Regel des Zyklus eingehalten, d. h., sie ist für 200 Jahre anwendbar.

Außerdem existiert noch ein „großer" Wiederholungszyklus des Kalenders mit einer Dauer von $532 = 28 \times 19$ Jahren, nach dem sich zu den gleichen Kalendertagen nicht nur die Wochentage, sondern auch die Mondphasen wiederholen.

Der Zeitabschnitt von 19 Jahren (Metonischer oder Mondzyklus) ist dadurch gekennzeichnet, daß nach dessen Verlauf der Neumond auf die gleichen Monatstage fällt. Das ist leicht zu erklären, weil 19 tropische Jahre gleich $365,2422 \cdot 19 = 6939,60$ Tage, 19 Julianische Jahre $= 365,29 \cdot 19 = 6939,75$ Tage sind, während 235 Mondmonate (davon 125 „volle" zu je 30 Tagen und 110 „hohle" zu je 29 Tagen) 6940 Tagen $\approx$ 19 Jahren entsprechen. Diese berühmte Beziehung ist von dem griechischen Astronomen Meton im Jahre 432 v. u. Z. entdeckt worden. Übrigens wurde diese Entdeckung schon im 6. Jh. v. u. Z., also um anderthalb Jahrhunderte früher, in China gemacht. Die Zahl 532 ist das kleinste gemeinsame Vielfache der Perioden von 28 und 19 Jahren.

Dieser Zyklus, in der kirchlichen Literatur als „große Indiktion" bezeichnet, spielt eine große Rolle in kirchlichen Büchern für die Berechnung des Osterfestes und anderer religiöser Feiertage.

Es zeigt sich, daß auch innerhalb der Periode von 28 Jahren eine Wiederholung des Kalenders erfolgt. Das wird offensichtlich immer dann eintreten, wenn die Summe der Reste aus der Division der Tagesanzahl der Jahre durch 7 gleich 7 oder 14 ist.

Angenommen, wir betrachten ein Gemeinjahr, das erste nach einem Schaltjahr. Es enthält 365 Tage, d. h. 52 Wochen und 1 Tag. Das bedeutet, daß sich nach diesem Jahr die Zählung der Wochentage um 1 Tag nach vorn verschiebt. Wenn somit das erste Jahr mit einem Sonntag beginnt, wird das zweite mit einem Montag beginnen. Weiter ergibt sich im dritten Jahr ebenfalls ein Rest von 1 Tag, und das vierte Jahr (Schaltjahr) beginnt mit einem Mittwoch und ergibt einen Rest von 2 Tagen.

Somit häuft sich nach einem Schaltjahr ein Rest von 5 Tagen und nach den zwei darauffolgenden Gemeinjahren ein Rest von 7 Tagen an. Das heißt, die erste Wiederholung des Kalenders geschieht nach 6 Jahren.

Aus den Resten der nächsten Jahre $(1 + 2 + 1 + 1 + 1 + 2 + 1 + 1 + 1 + 2 + 1)$ ergeben sich nach 5 Jahren 6 Tage und nach 6 Jahren bereits 8 Tage, so daß für die Wiederholung des Kalenders 14 Tage abgewartet werden müssen: nach 11 Jahren. Ein Rest von 7 Tagen ergibt sich dann zwar nach 6 Jahren $(1 + 1 + 2 + 1 + 1 + 1)$, aber in diesem Jahr wiederholt sich nicht der Kalender eines Gemeinjahres, weil es ein Schaltjahr ist. Deshalb müssen wieder 14 Tage abgewartet werden: Nach weiteren 5 Jahren $(2 + 1 + 1 + 1 + 2)$, d. h. wiederum nach 11 Jahren, wiederholt sich der Kalender.

Der Kalender für das erste Jahr nach einem Schaltjahr wiederholt sich also nach 6, 11, 11 Jahren, für das zweite Jahr nach 11, 6, 11 Jahren und für das dritte Jahr nach 11, 11, 6 Jahren. Das sind die „kleinen" Wiederholungsperioden des Kalenders. Schaltjahreskalender wiederholen sich erst in der „mittleren" Periode von 28 Jahren. In der Nähe der Jahrhundertjahre, die kein Vielfaches von 400 sind, treffen die Wiederholungsperioden nicht zu. Durch Vergleich der Monatskennzahlen verschiedener Zeilen in den Tabellen 26 und 27 können die Wiederholungsperioden und deren Abweichungen ebenfalls ermittelt werden.

Anwendung ewiger Kalender

Ewige Kalender können für die Bestimmung der Daten von Ereignissen, des Zeitabschnittes zwischen zwei weit auseinanderliegenden Daten, für die Datierung historischer Dokumente, die Bestimmung der Anzahl der Arbeitstage für bestimmte Monate und Zeitabschnitte usw. genutzt werden.

An dieser Stelle sei ein Beispiel für ihre Anwendung angeführt. Die Schlacht zwischen Russen und Tataren am Fluß Kalka fand nach unterschiedlichen Chroniken am 31. Mai oder 16. Juni 6731 oder 6732 „nach der Erschaffung der Welt" statt. Das entspricht vier Daten: dem 31. Mai oder 16. Juni 1223 oder 1224. Der Historiker I. M. Karamsin ermittelte, daß dieses Ereignis auf einen Freitag fiel. Aber ein Freitag waren der 16. Juni 1223 und der 31. Mai 1224. Somit blieben von den vier Daten nur noch zwei übrig. Als man schließlich in einer alten arabischen Schrift

den Hinweis darüber fand, daß die Schlacht im Jahre 620 der
Hedschra (mohammedanische Ära, vom Tage der Flucht des
legendären Propheten Mohammed aus Mekka nach Medina am
16. Juli 622 gezählt) stattfand, so war das gesuchte Datum 16. Juni
1223 genau bestimmt, weil das Mondjahr 620 Hedschra vom
4. Februar 1223 bis zum 23. Januar 1224 dauerte [42].

Kalenderbauten und -einrichtungen

Astronomische Bauten des Altertums

Peru. Ein bisher als Steinkalender gedeuteter Bau befindet sich
unweit der Stadt Nasca in einer Wüstengegend. Dieser Bau
wurde von Piloten entdeckt, die erzählten, daß vom Flugzeug
aus ganz deutlich irgendwelche helle Streifen zu sehen sind, so
gerade, wie mit dem Lineal gezogen. Sie laufen fächerförmig auf
einige Kilometer Länge auseinander. Wozu und wem dienten
aber nun diese Linien? Der Schriftsteller A. Kasanzew und der
Wissenschaftler M. Agrest nahmen an, daß diese hellen Linien
Landezeichen für Raumschiffe geheimnisvoller „Fremdlinge aus
dem Kosmos" waren, denen die Menschheit offenbar die Entwicklung von Wissenschaft und Technik und sogar das Auftreten
der Religion verdankt [2]. In Wirklichkeit war alles viel einfacher
zu erklären.
Die Gelehrten interessierten sich für die Erzählungen der Piloten. Sie führten Flüge über diesem Gebiet durch und überzeug-
ten sich, daß die Wüste tatsächlich mit vielen geraden Linien
durchzogen war, von denen der größere Teil am Fuße eines
Hügels zusammenlief. Nun wurde dieses Gebiet genauestens von
Bodenexpeditionen untersucht. Es stellte sich heraus, daß die
Streifen nicht gefärbt waren, sondern daß einfach von Menschen
der felsige Boden umsortiert wurde: Die dunklen Steine wurden
auf die Seite geräumt und nur die hellen dort belassen. Auf diese
Art und Weise wurden auf mehrere Kilometer Länge Steine und
Schotter umsortiert. Diese gigantische Arbeit kann man mit
dem Bau der römischen Wasserleitungen vergleichen.

Diese sog. Scharrbilder entstanden vermutlich in der Zeit der Nasca-Kultur (400–800 u. Z.). Vergleiche mit Bildern auf Tongefäßen dieser Zeit lassen den Schluß zu.
Es ist aber gänzlich unverständlich, warum die Wüste so gekennzeichnet wurde. Als Straßen dienten die weißen Streifen nicht. Sie begannen an einem Hügel und brachen inmitten der Wüste ab, wo nicht die geringsten Anzeichen für Bauten zu bemerken waren.
Im Jahre 1947 nahm Professor P. Kosock an einer Expedition in das Gebiet der hellen Linien teil. Am frühen Morgen des 22. Juni bestieg der Gelehrte den Gipfel des zentral gelegenen Hügels und wartete auf den Sonnenaufgang. Als am Horizont der Rand der Sonnenscheibe auftauchte, beleuchtete der erste Sonnenstrahl einen der weißen breiten Streifen, der, auf den Horizont zulaufend, genau auf den Punkt des Sonnenaufganges zeigte.
Damit schien das Rätsel der geheimnisvollen Linien gelöst. Maria Reiche, die Erforscherin der Pampa von Nasca, war nicht überzeugt. Auch Hawkins, der Erforscher von Stonehenge, kam zu dem Schluß, daß eine astronomische Ausdeutung nicht zuträfe. 1973 gelangte Jim Woodmann zu der kühnen Schlußfolgerung, daß die Scharrbilder kultische Bedeutung hätten und mit Heißluftballons aus der Luft betrachtet wurden. Die technischen Hilfsmittel sind für die Nasca-Kultur nachweisbar.
Das Rätsel von Nasca harrt also noch seiner endgültigen Lösung.
Tiahuanaco. In Südamerika in den Anden befinden sich in einer Höhe von etwa 4000 m die Ruinen der Stadt Tiahuanaco am Titicacasee. Dort wurden Reste einer zyklopischen Anlage aus gewaltigen Steinblöcken entdeckt, deren Transport man sich schwerlich vorstellen kann. Aber die Reste eines Hafens, Darstellungen von fliegenden Fischen, Muscheln und die Ablagerungen zeugen davon, daß diese Stadt irgendwann einmal ein großer Hafen gewesen sein muß.
In der Ruinenstätte Tiahuanaco wurden am „Sonnentor" unter vielen in die Steine eingeritzten symbolischen Darstellungen rätselhafte Bilder entdeckt, die den Hieroglyphen ähnlich waren. Die Untersuchungen der Schriftzeichen am „Sonnentor" wurden von Kiss und Posnanski begonnen und von Eshton 1949 abgeschlossen. Die in den Stein geritzten Pumaköpfe stellten die Nacht dar (der Puma jagt nur nachts). Die Köpfe von Kondoren (Tagesvögeln) symbolisieren den Tag. Besondere Symbole bezeichnen die Sonne und andere Himmelskörper. Auch die Sonnenbewegung und die damalige Erdbahn waren vereinfacht dargestellt. Aber seltsamerweise hatte das Jahr nach diesem Kalen-

der nur 290 Tage! 10 der 12 Monate wiesen 24 Tage und 2 Monate 25 Tage auf [11]. P. Allan, Hans Schindler-Bellamy und andere westliche Kenner der altertümlichen Kulturen zählen den Kalender von Tiahuanaco zum ältesten überhaupt auf der Erde. Das „Sonnentor" ist nach vorsichtigen Berechnungen vor ungefähr 1500–1200 Jahren erbaut worden [29].

Bei dem Versuch, den Kalender von Tiahuanaco zu entziffern, vermutete der Schriftsteller Kasanzew 1961 [18], daß dieser Kalender eng mit der Umlaufperiode der Venus um die Sonne verbunden sei. Unter Benutzung der vorläufigen Angaben von Kuiper über die Neigung der Venusachse hatte er fälschlicherweise die Umlaufperiode der Venus mit knapp $9^1/_2$ Erdtagen angenommen und erhielt somit, daß ein Venusjahr (225 Erdtage) aus 24 Venustagen besteht. Nach in den Jahren 1962–1966 von sowjetischen und amerikanischen Wissenschaftlern mit Hilfe von Radarmessungen gewonnenen Angaben ist der Venusumlauf rückläufig, mit einer Periode von 243 Erdtagen.

Unter der Voraussetzung, daß 290 Venustage genau 12 Venusjahre ausmachen, davon 10 mit je 24 Tagen und 2 mit je 25 Tagen, schloß Kasanzew nicht aus, daß der Kalender von Tiahuanaco unter dem Einfluß von „Fremdlingen aus dem Kosmos" errichtet worden sei. Verständlicherweise sind solche Schlüsse hart umstritten.

Womit ist aber die Veränderung der Jahreslänge im Vergleich zur Epoche des Kalenders von Tiahuanaco zu erklären? H. Schindler-Bellamy nimmt an, daß in früheren Zeiten die Erde infolge der Annäherung eines anderen Himmelskörpers eine Katastrophe durchmachte, die die Veränderung ihrer Umlaufperiode um die Sonne und ihrer Tageslänge verursachte.

H. Hörbiger (Österreich) nahm an, daß vor ungefähr 13000 Jahren die Erde den Mond an sich riß. Den Zeitpunkt dieses Ereignisses ermittelte er auf der Grundlage der Kalenderberechnungen von J. Oppert, die vor ungefähr 100 Jahren auf einer Konferenz in Brüssel mitgeteilt wurden.

Der altägyptische Sonnenzyklus zählte 1460 Jahre (Sothisperiode). Einer dieser Zyklen war im Jahre 1322 v. u. Z. vollendet worden. Wenn man von diesem Jahr weitere sieben Zyklen zurückrechnet, erhält man das Jahr 11542 v. u. Z.

Der altassyrische Kalender bestand aus Mondzyklen zu 1805 Jahren. Das Ende eines solchen Zyklus fällt auf das Jahr 712 v. u. Z. Wenn man von diesem Jahr sechs Zyklen zurückrechnet, erhält man ebenfalls das Jahr 11542 v. u. Z. Eine solche Übereinstimmung kann nicht zufälliger Art sein.

Im alten Indien bestand der Mond-Sonne-Kalender-Zyklus aus 2850 Jahren. Das Kaliyuga („Eisernes Zeitalter") der Inder begann im Jahre 3102 v. u. Z. Von diesem Zeitpunkt drei Zyklen zurückgerechnet, erhält man das Jahr 11652 v. u. Z.

Andererseits beginnt bei den alten Maya die Kalenderära mit dem Jahre 3373 v. u. Z., und der Kalenderzyklus betrug 2760 Jahre. Drei Zyklen zurückrechnend, gelangen wir zum Jahr 11653 v. u. Z. Die Differenz von einem Jahr ist leicht mit der Verschiebung des Jahresanfangs zu erklären.

Die Differenz von 110 Jahren zwischen den Jahren 11542 und 11652 kann man als Zeit zwischen Anfang und Ende der Katastrophe betrachten [6, 11].

Somit sollte mit Hilfe von Kalendern die Idee begründet werden, daß vor ungefähr 13000 Jahren über die Erde eine Katastrophe hereinbrach, die als Ausgangsära für die Kalender vieler Völker diente.

Aber das Rätsel des Kalenders von Tiahuanaco kann man auch anders erklären. Möglicherweise enthielt er ähnlich wie der altrömische Kalender einfach nur zehn Mondmonate zu je 29 Tagen?

Die Steine von Stonehenge. Die Anlage von Stonehenge (wörtlich übersetzt: Steinlager) wird zum Ende der Jungsteinzeit oder zum Beginn der Bronzezeit (3–2 Jahrtausende v. u. Z.) gerechnet. Sie befindet sich in England zwischen Bristol und Salisbury. Gewaltige Steinblöcke mit einer Höhe bis zu 5 m wurden zu einem komplizierten Gebilde angeordnet. Sie bildeten einst zwei Kreise, einen äußeren aus 40 Steinen, die oben mit Steinbalken überdeckt waren, und einen inneren aus 40 kleineren Steinen (Abb. 3). Innerhalb des letzteren sind noch zwei Reihen von Steinen sichtbar, die als konzentrische Hufeisen angeordnet und nach Nordosten geöffnet sind. Inmitten dieser Gruppe steht ein einzelner gewaltiger Stein. In einiger Entfernung vom äußeren Kreis, außerhalb der gesamten Gruppe, steht noch ein einzelner Stein.

Es wurde festgestellt, daß man, vom mittleren Stein zum äußeren Stein blickend, ungefähr in dieser Richtung auch den Sonnenaufgang am Tage der Sommersonnenwende (22. Juni) sieht. Der Kreismittelpunkt und der Einzelstein bestimmen somit gewissermaßen die Achse der gesamten Anlage, und diese ist annähernd auf den Punkt des Horizontes gerichtet, an dem die Sonne an den Tagen der Sommersonnenwende aufgeht.

Weiterhin wurde errechnet, daß vor ungefähr 1700 Jahren v. u. Z. die Sonne genau in dieser bezeichneten Richtung an diesen Tagen

Abb. 3. Ruinen von Stonehenge

aufgehen mußte. Ist diese Übereinstimmung zufällig oder vorbedacht? Konnte ein Mensch der Bronzezeit (2 Jahrtausende v. u. Z.) seine Anlage nach der Sonne orientieren? Erkannte er die Periodizität des Sonnenjahres mit einer solchen Klarheit, daß er auf der Erde die Richtung festlegen konnte, die ihm fehlerfrei den Zeitpunkt der Wiederkehr der Sonne zur Sommersonnenwende anzeigte?

Der Zentralplatz (Abb. 4) ist konzentrisch mit 30 Bögen umbaut, durch die hindurch der Horizont sichtbar ist. Diese sind ihrerseits konzentrisch von 56 Gruben umschlossen, die Asche von Bestattungen enthalten. Außerdem sind aus diesem Zentrum der große Stein S (vom Typ eines Dolmen) und zwei kleinere Steine, der rechte F und der linke D, sichtbar. Wie sich herausstellte, zeigt der große auf den Punkt des Sonnenaufgangs zur Sommersonnenwende, und F und D geben die Grenzazimute der Mondaufgänge für einen Zyklus von 18,61 Jahren an. Mehrere Hügel außerhalb des Kreises der 56 Gruben geben andere Richtungen an, die wichtig für die Bestimmung des Standpunktes von Sonne und Mond zu verschiedenen Zeiten und Jahren des 18,61jährigen Zyklus sind. Bezüglich anderer Planeten und Sterne konnten keine Zusammenhänge festgestellt werden.

Unter Benutzung des „Kanons der Finsternisse" von T. Oppolzer, der von Van den Berg (Holland) für die Periode von −1600 bis −1207 mit Hilfe der elektronischen Rechenmaschine IBM-7090 des Smithsonschen Observatoriums weitergeführt wurde,

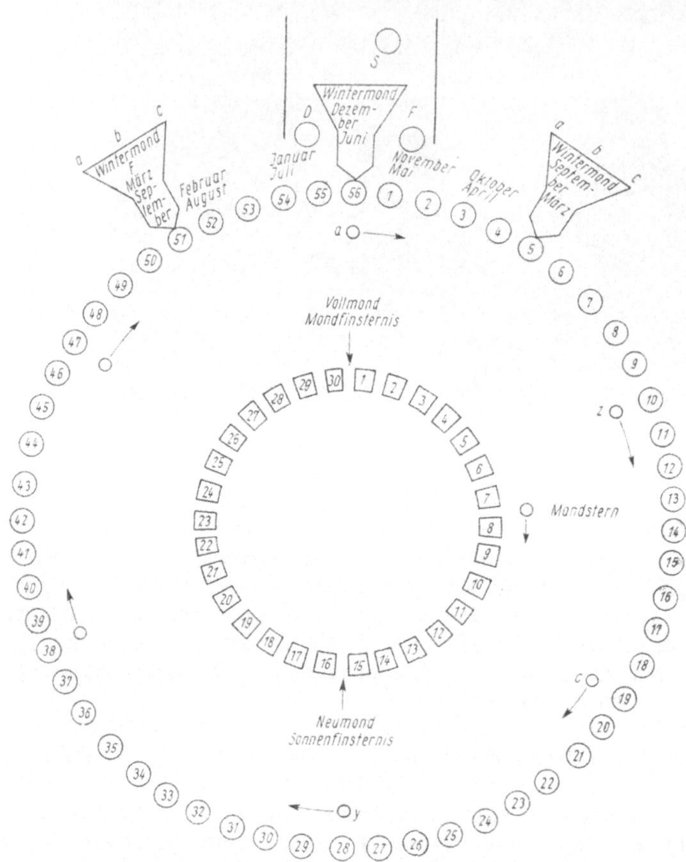

Abb. 4. Schema von Stonehenge

errechnete G. Hawkins [29] die Azimute der Mondaufgänge für Stonehenge. Der Vollmond ging nahe der Wintersonnenwende in 85% der Fälle auf dem Azimut des großen Steins auf.
Hawkins legte eine Finsternistabelle vor, die er nach dem „Zyklus von Stonehenge" errechnet hat. Ein Vergleich mit den Angaben von Van den Berg ergab, daß in 14 Fällen die Jahre genau übereinstimmten und in den vier übrigen die Finsternisse auf das angrenzende Jahr fielen. Im Ergebnis einer genauen Analyse wies er nach, daß die Anlage von Stonehenge über eine Zeit

von drei Jahrhunderten genau war, aber danach die Finsternisse
jeweils ein Jahr früher eintraten, so daß die Lage aller Steinblöcke hätte verändert werden müssen.

Die Forscher nehmen an, daß Stonehenge ungefähr 2000 v. u. Z.
errichtet wurde und als Beobachtungspunkt für den Auf- und
Untergang von Sonne und Mond diente, was für die Bestimmung der Jahreszeit erforderlich war. Diese Annahmen wurden
früher nicht ernst genommen, aber durch die Untersuchungen
von Hawkins und die Entzifferung eines altgriechischen Schiebe-
kalenders [22] bestätigt.

Gnomone. Im alten Ägypten begann das Jahr mit dem Nilhoch-
wasser, das gewöhnlich Mitte Juni eintrat. Für die Ägypter war
die Kenntnis des Zeitpunktes der Überschwemmungen sehr
wichtig, damit sie sich rechtzeitig auf das Pflügen und Säen vor-
bereiten und das Vieh auf erhöhte Flächen treiben konnten. Die
ägyptischen Priester-Astronomen stellten schon vor etwa 3000
Jahren v. u. Z. fest, daß der Beginn der Überschwemmung immer
mit der Sommersonnenwende und dem ersten Erscheinen des
hellen Sterns Sothis (Sirius) – dem „Stern des Nils" – im Osten
vor dem Sonnenaufgang zusammenfällt (Abb. 5). Dieses morgend-
liche Erscheinen des Sirius war für die Ägypter ein Bote der Nil-
überschwemmung und des Jahresbeginns. Im Tempel der Hator
in Dendera ist folgende Inschrift zu lesen: „Der Sothis glänzt
hoch am Himmel, und der Nil tritt aus seinen Ufern. ..." Das

Abb. 5. Beobachtung des Aufganges des Sirius im alten Ägypten (über dem
Horizont das Sternbild des Orion)

Sothisjahr wurde in Ägypten zu 365 Tagen berechnet, und sein
Beginn verschob sich bezüglich des tropischen (Sonnen-) Jahres
nach rückwärts [30].
Schon vor 2500 Jahren wurden in Babylon und Ägypten Stein-
säulen-Gnomone (griechisch: Sonnenuhr) aufgestellt. Diese
Obelisken dienten nicht nur zum Schmuck, sondern auch zur
Bestimmung der Tages- und Jahreszeit. Als Mittag wurde der
Moment bezeichnet, dem der kürzeste Schatten entsprach
(Abb. 6). Durch Längenmessung des Schattens mit konzentri-
schen Kreisen ermittelten die Menschen die Tageszeit [4].

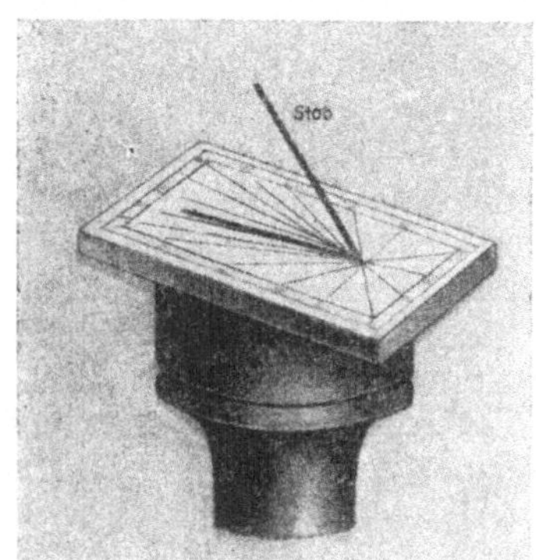

Abb. 6. Horizontalsonnenuhr und Schattensäule

Im alten Griechenland wurde mit dem Gnomon (Schattenstab)
nicht nur die Zeit, sondern auch die geographische Breite des
Ortes bestimmt, und zwar aus dem Verhältnis der Schattenlänge
zur Gnomonlänge zur Mittagszeit an den Tagen der Tagundnachtgleiche.
Die griechischen Philosophen Anaximandros und Anaximenes
errichteten im Jahre 547 v. u. Z. in Sparta einen Gnomon, der
alle Stunden anzeigte. In Babylon und Ägypten bildeten schlanke
Obelisken mit pyramidenförmigem Ende die Gnomone. Aus dem
Römischen Reich unter Augustus wurde der Obelisk des Pharao
Sesostris mit einer Höhe von 34 m berühmt, der aus Ägypten
herbeigeschafft und in Rom auf dem Marsfeld aufgestellt wurde
[4].
Beim Bau ihrer gewaltigen Pyramiden richteten die Ägypter
diese vielleicht auch für astronomische Beobachtungen ein. In

einer der ägyptischen Pyramiden führt ein schmaler Gang in das Innere. Seine Öffnung ist genau nach Osten gerichtet, so daß zu den Tagundnachtgleichen die ersten Strahlen der aufgehenden Sonne in die Tiefe der Pyramide eindringen und dort eine Statue am Ende des Ganges bescheinen. An allen übrigen Tagen erhellen die Sonnenstrahlen nur die Wände des Ganges. Die Priester konnten so den Tag erwartet haben, an dem die Sonne die Statue bestrahlt: den Eintritt der Tagundnachtgleiche.

Vor 4000 Jahren wurden in Ägypten auch Sonnenuhren in der Form von Treppen gebaut, bei denen der Schatten der Stufen als Zeitanzeiger diente.

Alte Zeichnungen auf Knochen und Schildkrötenpanzern aus dem Pekinger Observatorium weisen darauf hin, daß schon im 15.–12. Jahrhundert v. u. Z., d. h. vor 3500 Jahren, die Chinesen die Regeln der Abstimmung von Mond- und Sonnenjahren durch Einschieben von Monaten und Tagen, d. h. den 19jährigen Metonischen oder Mondzyklus kannten.

Aus Beobachtungen des Mittagsschattens des Gnomons und der Kulmination der hellsten Sterne in der Dämmerung bestimmten die Chinesen im 3. Jahrhundert v. u. Z., 260 Jahre vor Einführung des Julianischen Kalenders im Römischen Reich, die Jahreslänge zu $365^1/_4$ Tagen.

Der chinesische Herrscher Koschu-King ließ im Jahre 1278 in Peking einen 40 Stufen hohen Gnomon bauen. Der Enkel des Tamerlan (Timur), der berühmte usbekische Astronom Ulug-Bek, übertraf diesen noch und schuf 1430 in Samarkand einen Gnomon mit der Höhe von 175 Stufen (etwa 50 m), um die Ablesegenauigkeit zu erhöhen. Das entspricht der Gewölbehöhe der Hagia Sophia in Konstantinopel.

Später, im 15. Jahrhundert, errichtete Paolo Toscanini auf der Kuppel des Doms in Florenz den welthöchsten Gnomon mit einer Höhe von 92 m über dem Erdboden.

In Indien benutzten die Pilger bei ihren Wanderungen nach der heiligen Stadt Benares tragbare achtkantige Gnomone mit Markierungen an den Seiten zur Zeit- und Richtungsbestimmung zu verschiedenen Monaten [4].

Die Inder errichteten für die Zeitbestimmung Bauten in der Form eines Steinhalbkreises, der in der Mitte durch eine dreieckige Mauer mit einer Treppe geteilt ist (Abb. 7). Von der Spitze dieser Mauer aus beobachteten die indischen Astronomen nachts die Sterne und tagsüber die von der Mauer auf den Halbkreis fallenden Schatten, nach dem sie über den Stand der Sonne urteilten. Der Tag mit dem kürzesten Schatten war die Sommer-

Abb. 7. Schattensäule von Jai-Singh

sonnenwende. So bestimmten sie Jahreslänge und -zeiten mit originellen Sonnenuhren.

Von großem Interesse ist der riesige Gnomon aus Stein, der zu Beginn des 18. Jahrhunderts in Delhi auf Anweisung des bekannten indischen Astronomen Jai-Singh aus Jaipur errichtet wurde. Er hat die Form eines rechtwinkligen Dreiecks mit einer Hypotenusenlänge von 39 m. Beiderseits dieses Gnomons, von Jai-Singh „Samrat Jantra" genannt, befinden sich steinerne Anlagen, die Viertelkreise mit einem Radius von 15 m darstellen, in deren gedachten Mittelpunkten sich die Spitze des Gnomons befindet. Die Fläche dieses Kreises ist der Äquatorialebene parallel. Der Kreis ist nicht nur in Stunden und Minuten, sondern auch in Grad eingeteilt. Die Teilstriche auf den Quadranten dienen der Bestimmung der Winkelstunden des Sonnenstandes nach der Lage des Schattens des Gnomons (s. Abb. 7). An der im Jahre 1725 erbauten indischen Sonnenuhr mit einer Höhe von 28 m bewegt sich der Schatten in 1 Minute um 7 cm.

Mit ähnlichen Verfahren und Vorrichtungen bestimmten die alten Kulturvölker Jahreslänge und -beginn hinreichend genau.

Der Tadshikische Steinkalender. Für die Lebensfähigkeit der Schattenstäbe spricht folgende Tatsache. Zu Beginn des 20. Jahrhunderts lebten in einigen Siedlungen in Tadshikistan an der Grenze zu China, von der übrigen Welt durch hohe Gebirge

abgeschlossen, Menschen unter Beibehaltung ihrer jahrhunderte-
alten Sitten und benutzten noch Steinkalender [16]. Offensichtlich noch aus der Zeit Tamerlans stammten in Steinplatten am
Fuße eines der Festungstürme eingehauene große Figuren, die
Menschen mit Sichel und Hund darstellten. Zur Mittagszeit fiel
der Schatten des Turmes auf sie. Im Winter, wenn die Sonne
tief steht, blieb der Schatten 40 Tage lang auf der Hundedarstel-
lung ruhen; diese Tage wurden „Hundstage" genannt. Im Frühjahr steigt die Sonne wieder höher, und der Schatten erhob sich
von den Füßen der Menschenabbildung bis zum Kopf der Som-
mermitte. Im Herbst steigt die Sonne wieder abwärts, und wenn
die Sonne die Sichel berührte, traten die „Sicheltage" – die
Ernte ein.
Während des Baues eines Bewässerungskanals stürzte der Turm
zusammen, und damit wurde auch der Kalender zerstört, wodurch viele Beschwernisse ausgelöst wurden. Man führte natürlich danach gewöhnliche gedruckte Kalender ein, aber die Bevölkerung konnte sich lange Zeit nicht an sie gewöhnen und
nannte den Januar nach wie vor Hundstage, den Juni Kopftage
und den August Sicheltage [16].

Abb. 8. Vertikalsonnenuhr an einem Nebengebäude des Schlosses Seußlitz
bei Riesa

Abb. 9. Moderne Äquatorial-
sonnenuhr auf dem Fučíkplatz
in Dresden

Die Gnomone waren aber unbequem und verloren infolgedessen
ihre Bedeutung; sie mußten den Sonnenuhren (Abb. 8, 9) und
den Wasseruhren weichen.
Das Buch von H. Grötzsch „Sonnen- und Turmuhren" [48] enthält Photographien berühmter Gnomone und Sonnenuhren aus
verschiedenen europäischen Städten. Noch heute werden Sonnenuhren an Gebäuden angebracht und in Parks aufgestellt, aber
nur zu dekorativen Zwecken (Abb. 9).

Altertümliche tragbare Kalender

Babylonischer und persischer Kalender. Im Altertum wurden die Kalender auf Pergament und Papyrus geschrieben oder
in Metallplatten und Stein eingeschnitten. Der älteste Kalender
ist in den Ruinen des alten Babylon gefunden worden. Er ist
4000 Jahre alt und stellt ein aus Ton gebranntes Täfelchen dar,
das mit Löchern für die Tage und Monate versehen war. Der
Besitzer des Tonkalenders mußte für die Tagesberechnung jeden
Tag ein Stäbchen von einem Loch in das nächste stecken [17].

Herodot berichtet über einen Kalender, den die Perser vor 2500 Jahren benutzten. Als der persische König Dareios gegen die Skythen zu Felde zog, ließ er eine Abteilung Krieger zum Schutz einer Brücke über die Donau zurück und gab ihnen einen mit vielen Knoten versehenen Riemen. Dareios sprach zu ihnen: „Nehmt diesen Riemen und bindet von dem Tag an, an dem ich gegen die Skythen marschiere, jeden Tag einen Knoten an ihm auf. Wenn ich nach Ablauf dieser Tage, gleichbedeutend mit der Anzahl der Knoten, nicht zurückgekehrt bin, dann fahrt zurück in die Heimat." Trotz seiner Eigentümlichkeit erfüllte auch dieser Kalender seine Aufgabe zur fortlaufenden Tageszählung [17].

Griechische Kalender. Um den Kalender zu mechanisieren, mußten bestimmte Perioden bekannt sein, nach deren Ablauf sich einige astronomische Erscheinungen wiederholen. Vom 8. Jahrhundert v. u. Z. an war den Griechen die 8jährige Periode des Mond-Sonnen-Kalenders bekannt (Oktaeteris) – ein sehr primitives System. Zu Zeiten des Solon (6. Jh. v. u. Z.) galt in Attika die verbesserte Oktaeteris: Jede 8jährige Periode wurde um $1^1/_2$ Tage verlängert. Dabei ergaben sich 5847 Tage $= 2922 \times 2 + 3 = 198$ Mondmonate $= 16$ Sonnenjahre. Für den Mond ist das ein recht gutes Ergebnis (die Monatslänge beträgt 29,5303 Tage), aber das Sonnenjahr ergab sich so zu $365^7/_{16}$ Tagen, d. h. um $^3/_{16}$ mehr als die später im Julianischen Jahr ($365^1/_4$ Tage) festgelegte Länge. Nach jeweils 16 Jahren verschoben sich die Sonnenwenden bezüglich dieses Kalenders um 3 Tage nach rückwärts, was schon spürbar war [17].

Meton erzielte im 5. Jahrhundert v. u. Z. eine wesentliche Verbesserung des Kalenders, indem er den 19jährigen Zyklus (metonischer Zyklus) entdeckte: 6940 Tage $= 235$ Mondmonate (125 „volle" zu je 30 Tagen und 110 „hohle" zu je 29 Tagen) $= 19$ Sonnenjahre (12 Jahre mit je 12 Mondmonaten und 7 Jahre mit je 13 Mondmonaten). Hieraus ergab sich die Monatslänge zu 29,5319 Tagen mit hinreichender Genauigkeit [17]. Gegenwärtig wird die Monatslänge mit 29,5306 Tagen beziffert.

Die jährliche Sonnenbahn unterteilten die Griechen und andere alte Kulturvölker in 12 gleiche Teile, die Tierkreiszeichen (Sternbilder), was mit dem in Babylon verwendeten Sexagesimalsystem zusammenhing. Auf der Grundlage von Beobachtungen stellten sie Tierkreistabellen zusammen, auf denen in den 12 Tierkreiszeichen die Himmels- und Erdvorgänge eingezeichnet waren. Hipparch führte im 2. Jahrhundert v. u. Z. die Begriffe Frühlings-, Sommer-, Herbst- und Wintersanfang als Moment

des Eintretens der Sonne in die Sternbilder Widder, Krebs,
Waage und Steinbock ein.

Es ist klar, daß es ausreicht, solche Tabellen für die 365 Tage
eines Jahres zusammenzustellen, sie brauchen dann nur noch mit
der Tageszählung im bürgerlichen Mondjahr, das die Griechen
benutzten, abgestimmt und allgemein zugänglich gemacht zu
werden. Meton errichtete seine Säulen für die Beobachtung des
Sonnenstandes in Athen, und alle konnten so seine in Stein ge-
schnittenen Parapegmen sehen.

Den Archäologen blieb lange unklar, wie diese Kalender angelegt
waren. Es war doch unmöglich, auf Stein alle 6940 Daten einer
19jährigen Periode aufzutragen und in ihnen die 19 Sonnenumläufe für alle Tierkreiszeichen zu wiederholen. Erst 1902 wurden bei Ausgrabungen des Theaters in Milet (Kleinasien) Bruchstücke eines solchen Parapegmas gefunden, anhand derer die
geistreiche Lösung dieser technischen Aufgabe durch die Griechen klar wurde.

Auf einem Bruchstück des Parapegmas ist eine Reihe von zeilen-
artig angeordneten Inschriften zu sehen. Links von den Zeilen
und zwischen ihnen ist eine Reihe kleinerer Öffnungen vorhanden (auf der rechten Spalte insgesamt 30), die durch den griechischen Buchstaben λ gekennzeichnet sind. Dieses Teil stellt
eine ausgezeichnet erhaltene Tierkreistabelle für einen Monat
des Durchganges der Sonne durch das Zeichen des Wasser-
mannes dar. Nach unserem Kalender tritt die Sonne ungefähr
am 22. Januar in dieses Sternbild ein (ab der Länge 300°). Mit
Hilfe der vor den Zeilen stehenden Zahlen können die Kalenderdaten aller übrigen astronomischen Erscheinungen bestimmt
werden. Aber den Griechen war die Datumsangabe nach der
Sonne unbekannt; in ihrem Mond-Sonnen-Kalender wechselte
der Eintritt der Sonne in jedes beliebige Tierkreiszeichen von
Datum zu Datum während des 19jährigen Zyklus.

An dieser Stelle verhalfen die Öffnungen im Stein zu einer Klä-
rung. Wenn bekannt war, an welchem Tag eines Mondmonats
die Sonne in einem bestimmten Jahr in das erste Tierkreiszeichen eintrat, so brauchte man nur in alle Öffnungen sowohl
in den Zeilen als auch zwischen den Zeilen Stäbe mit aufeinander-
folgender Datumsbezeichnung zu stecken, wobei sich Monate
mit jeweils 29 und 30 Tagen nach den Regeln des Mondkalenders
abwechseln, damit jede Zeile der Tabelle, d. h. jede Erscheinung,
einem eindeutig bestimmten Datum des Mondjahres entsprach.
So klärte sich schließlich der rätselhafte Inhalt des Wortes
„Parapegma" und dessen Beziehung zu den Verben „befestigen"

und „einstecken"; es war ein allgemeinverständlicher Umsteck-
kalender.
Der erste Tag des ersten Metonischen Zyklus fiel auf den
16. Juli 432, das erste Neulicht (das erste Auftreten der Mond-
sichel nach Neumond) nach der Sonnenwende vom 27. Juni 432,
die von Meton und Euktemon beobachtet wurde [17].
**Volkstümliche Kalender aus Holz und Elfenbein in Ruß-
land.** Die erste Mitteilung über Holzkalender machte 1852
P. Peschenski. P. I. Sawwaitow schrieb 1876 über im Wolgo-
grader und Archangelsker Gouvernement verbreitete Holzkalender, die er zur altertümlichen Heidenzeit rechnete. Einer
dieser Kalender besaß die Form eines sechsseitigen Holzbalkens,
auf dessen Kanten Tageseinschnitte für je 2 Monate vorhanden
waren, insgesamt 365. Auf den Seitenflächen waren Zeichen für
kirchliche und weltliche Feiertage und andere Notizen eingeschnitten. Das Jahr beginnt mit dem 1. März.
Im Staatlichen Historischen Museum in Moskau wird eine große
Anzahl von Holzkalendern aufbewahrt. Viele solcher Kalender
aus Holz und Elfenbein wurden im Norden des europäischen
Rußland, in Sibirien und im Fernen Osten gefunden [24]. Sie
besitzen eine 6-, 4- oder 3seitige Form, sind einfache Tafeln
oder – wie bei den jakutischen Viehzüchtern – kreisförmig (Rad).
Auf einigen Kalendern aus dem Lena-Gebiet begann das Jahr mit
dem 1. September. Diese Tatsache spricht für ihr hohes Alter.
Der Übergang zur Zählung des neuen Jahres, beginnend mit
dem 1. Januar, wurde im Jahre 1700 auf Erlaß Peter I. vollzogen.
In einigen Gegenden Rußlands wurde aber die Jahreszählung
noch lange Zeit mit dem 1. März begonnen. Die ältesten Kalender
dieser Art stammen aus dem 12.–14. Jahrhundert und gehen auf
die Völkerschaften der finnisch-ugrischen Gruppe zurück [26].
Gewöhnlich sind die Kalender entlang eines jeden Monats mit
Spalten versehen, in die spitze Stäbchen zur Kennzeichnung der
vergangenen Tage gesteckt wurden. Die Bezeichnung der Monate erfolgte oftmals nur mit einem einzigen Buchstaben. Die
im Historischen Museum in Moskau aufbewahrten Holzkalender
gehören dem Ende des 15. Jahrhunderts bis Anfang des 19. Jahrhunderts an (Abb. 10).
Runenkalender des 13. bis 17. Jahrhunderts. Die ältesten
skandinavischen Schriftdenkmäler, die sog. Runenschriften, sind
zu den ersten Jahrhunderten unserer Ära zu rechnen, die Alt-
runenschriften zum 3. bis 9. Jahrhundert. Sie bestehen aus
24 Zeichen, den Runen. Die Inschriften wurden auf Steinen,
Waffen und Gerätschaften gefunden.

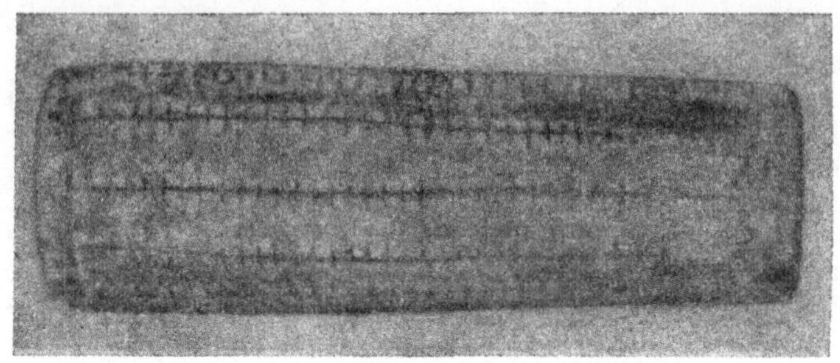

Abb. 10. Volkstümlicher Holzkalender

Vom 9. Jahrhundert an begann man in Skandinavien Neurunen anzuwenden. Gegen das 14. Jahrhundert begannen die Runenschriftzeichen zu verschwinden. Zu dieser Zeit muß man das Vorkommen von Runenkalendern zählen [23]. Sie wurden in Form von Stäben, Schwertern, Täfelchen aus Holz, Elfenbein, Metall usw. hergestellt und waren bis zum 19. Jahrhundert verbreitet. Runenkalender werden im Staatlichen Historischen Museum in Moskau, im Historischen Museum der AdW der Estnischen SSR und im Museum für Völkerkunde der AdW der Estnischen SSR in Tartu aufbewahrt.

Am besten ist ein Holzkalender aus Tallin erhalten, der ein sechsseitiges Schwert mit Griff mit einer Länge von etwa 1 m darstellt (Abb. 11). Beginnend vom Griff, sind auf der mittleren

Abb. 11. Runenkalenderschwert

Fläche von beiden Seiten auf Emaille jeweils folgende sieben sich wiederholende Tagesrunen ohne jegliche Monatseinteilung aufgetragen (insgesamt 365 Runen):

Das Jahr beginnt in diesem Kalender mit dem 25. Dezember (nur dabei fallen die Feiertage zusammen). Die zusätzliche 365. Rune ist für den 1. Januar eingesetzt. Offensichtlich wurde dieser Kalender zu jener Zeit angewandt, als der Jahresbeginn schon mit dem 1. Januar festgesetzt war, also nach dem Jahre 1700. Vor den Tagesrunen sind auf dem Schwertknauf folgende 19 Runenzeichen eingezeichnet (Mondrunen, die den kirchlichen „goldenen Zahlen" entsprechen), die sich über den Tagesrunen mit Unterbrechungen über das gesamte Jahr wiederholen:

ᚤᚴ ᛑᚩᚼ ᚴ ᚼ ᚤᛈᛈ ᛂᚤ ᚤᛊ ᛑᚱ᛭ᚴᛑ

Mit diesen Runen wurde der Eintritt des Neumonds bestimmt. Dazu mußte vorerst die Nummer des entsprechenden Jahres im Mondzyklus ermittelt werden. Da der Beginn unserer Ära auf das erste Jahr eines Mondzyklus fiel, so ist nur erforderlich, zur Jahreszahl eine Eins hinzuzufügen und diese Summe durch 19 zu dividieren. Der dabei verbleibende Rest ergibt die Jahresnummer des Mondzyklus, z. B. für das Jahr 1961: 1961 + 1 = 1962; 1962 : 19 = 103, Rest 5, also die fünfte Mondrune. Zum ersten Male befindet sich diese Rune über der Rune 5 des Januar. Folglich war am 5. Januar 1961 (nach dem alten Stil) Neumond. Nach dem neuen Stil ergibt sich der 18. Januar, was dem tatsächlichen Neumondstand schon recht nahekommt (17.1.).
Für die Bestimmung des Wochentages nach diesem Kalender wurde eine zusätzliche Tabelle von 25 Zeichen benötigt, wie sie z. B. auf dem „Moskauer Kalender" aufgetragen ist. Ist eine solche Tabelle nicht vorhanden, so fixiert man nach Kenntnis des Tages des Jahresanfanges diesen Tag mit einer bestimmten Rune über das gesamte Jahr, womit gleichzeitig auch alle anderen Runen fixiert sind.
Mit Hilfe einer kleineren zusätzlichen Zeichengruppe und zusammen mit den Bezeichnungen der Tierkreiszeichen kann bestimmt werden, wann sich die Sonne in diesem oder jenem Sternbild befindet. Zeichnungen oberhalb der Runen geben die verschiedenen Feiertage, Daten historischer Ereignisse, Beginn und Abschluß der einzelnen landwirtschaftlichen Arbeiten an.
Dieser Kalender ist dem 17.–18. Jahrhundert zuzurechnen. Von dessen Begründer wurden Kenntnisse über verschiedenartige astronomische Daten gefordert, z. B. der 19jährige Mond- und der 28jährige Sonnenzyklus! Es gibt aber auch Runenkalender anderer Typen.
Die Runenkalender waren zu ihrer Zeit (13.–17. Jh.) weit verbreitet. Mit ihrer Hilfe konnten viele mit dem Kalenderwesen

und den astronomischen Erscheinungen verbundene Fragen gelöst werden. Mit der Zeit fanden die Runenkalender immer weitere Verbreitung, was gleichzeitig deren Vereinfachung bewirkte. Ihre Herstellung hörte im 19. Jahrhundert auf.
Alle Runenkalender sind ewige Kalender. Sie können für jedes beliebige Jahr benutzt werden. Obwohl man sie leicht auf den Gregorianischen Kalender anwenden kann, entsprechen sie jedoch dem Julianischen. Ihnen allen liegt die Woche zugrunde; sie haben keine Monatseinteilung. Deshalb kann man mit ihnen recht einfach die Zählung der Wochentage durchführen, aber Tage und Monate lassen sich nur sehr umständlich feststellen. Möglicherweise wurden während ihrer Zeit die Monate gar nicht fixiert, und die Tageszählung erfolgte von Feiertag zu Feiertag. Nach den Runenkalendern können die Neumondzeit und andere Mondphasen bestimmt werden.

Mechanische Kalender

Der Mechanismus von Antikythera

Im Jahre 1900 stießen griechische Schwammfischer in einer Tiefe von 60 m nahe der kleinen griechischen Insel Antikythera auf den Rumpf eines Schiffes, das mit Bronze- und Marmorstatuen beladen war.
Bei der Untersuchung der Funde bemerkte der Mitarbeiter des Nationalmuseums Griechenlands, Valerios Stais, daß an einigen Bronzeklumpen, die zuerst für Reste der Statuen gehalten wurden, Bruchstücke eines Mechanismus vorhanden waren [22]. Die Art dieses Mechanismus festzustellen, war außerordentlich schwierig, da dessen einzelne Teile mit einer dicken Sedimentschicht bedeckt waren. Die Reinigung mußte deshalb mit äußerster Vorsicht durchgeführt werden.
Die Aufmerksamkeit Stais' wurde auf eine stark verkrustete Platte mit Inschriften gelenkt. Groß war seine Verwunderung und Freude, als er anhand der Buchstabenform feststellte, daß der Fund dem 1. Jahrhundert v. u. Z. zuzuordnen ist. Es lag natürlich die Annahme nahe, daß es sich hierbei um ein Navigationsinstrument handelte. Andere Archäologen vertraten die Mei-

nung, daß es sich um einen Typ der Miniaturplanetarien handelte, die Archimedes angefertigt haben soll. So trat man in einen langen und schwierigen Prozeß der Untersuchung des Mechanismus und der Ermittlung seines Verwendungszweckes. Immer mehr neue Teile wurden entdeckt. Aber erst nach 50 Jahren gelang es dem amerikanischen Gelehrten Derek de Solla Price, das Gerät zu rekonstruieren [22] und endgültig die sichtbaren Inschriften zu entziffern. Die Reinigung war zu dieser Zeit aber immer noch nicht abgeschlossen.

Es handelte sich um einen kleinen Kasten mit drei Scheiben und einem komplizierten Mechanismus, der aus wenigstens 20 Zahnrädern bestand. Eine Scheibe ist vor und zwei sind hinter ihnen angeordnet. Die Teile dieser Scheiben konnten nicht vollständig gereinigt werden. Die letzte Scheibe aber ist hinreichend sauber, um deren Zweck bestimmen zu können. Auf ihr sind zwei mit einer Gradeinteilung versehene Skalen zu sehen. Eine von beiden ist starr angeordnet und mit den Tierkreiszeichen beschriftet. Die andere stellt einen drehbaren Ring dar, der die Monatsbezeichnungen enthält. Die vordere Scheibe zeigte möglicherweise die Jahresbewegung der Sonne durch die Sternbilder und die Auf- und Untergänge der hellen Sterne und der Sternbilder an.

Die hinteren Scheiben sind komplizierter im Aufbau und die Inschriften auf ihnen nahezu unleserlich. An der unteren Scheibe sind drei, an der oberen vier drehbare Ringe angebracht. Aus den Inschriften auf der untersten Scheibe kann geschlußfolgert werden, daß diese die Zeit des Mondauf- und -unterganges anzeigte. Die obere Scheibe gab Auskunft über Auf- und Untergang, den Stand und die rückläufige Bewegung der den Griechen zu jener Zeit bekannten Planeten des Sonnensystems: Merkur, Venus, Mars, Jupiter und Saturn.

Es wurde ermittelt, daß das Instrument ungefähr im Jahre 82 v. u. Z. hergestellt worden sein muß und daß es etwa zwei Jahre in Gebrauch war. Auf das Schiff gelangte das Instrument aller Wahrscheinlichkeit nach im Verlaufe der nächsten 30 Jahre. Man nimmt an (mit einem Fehler von ± 15 Jahren), daß das Schiff im Jahre 65 v. u. Z. unterging.

Wasseruhren

Die einfachsten Geräte zur Zeitmessung nach der Sonne – Schattensäulen und Sonnenuhren (Horizontal-, Vertikal- und Äquatorialsonnenuhren) – sind vor ungefähr 2000 Jahren v. u. Z.

erfunden worden. Diese gingen aber nur tagsüber und bei klarem Wetter. Ihre Anwendung auf schaukelnden Schiffen war ebenfalls nicht möglich. Deshalb ging man von den Sonnenuhren zu Sand- und Wasseruhren über, wobei letztere Klepsydren genannt wurden (wörtlich „Wasserdiebe"). Man hat Grund anzunehmen, daß die allerersten Wasseruhren in China auftauchten. Die Chinesen, die den Sternenhimmel schon 3000 Jahre v. u. Z. beobachteten und studierten, teilten die Tage in 12 Teile („Ke") ein: in 6 Nacht- und 6 Tagesteile [4].

In Assyrien waren Wasseruhren 800 Jahre v. u. Z. in Gebrauch. So besaß der König Sardanapal (Assurbanipal) eine Wasseruhr in der Art verbundener Gefäße, von denen sich das obere im Verlaufe eines Tages sechsmal mit Wasser füllte, und jede Füllung wurde der Bevölkerung verkündet.

Ihre besondere Entwicklung und Vervollkommnung erfuhren die Klepsydren ungefähr im 3.–2. Jahrhundert v. u. Z. in Alexandrien. Dort konstruierte der Uhrmacher Ktesibios 150 Jahre v. u. Z. zum ersten Mal eine Wasseruhr mit einem Wasserrad,

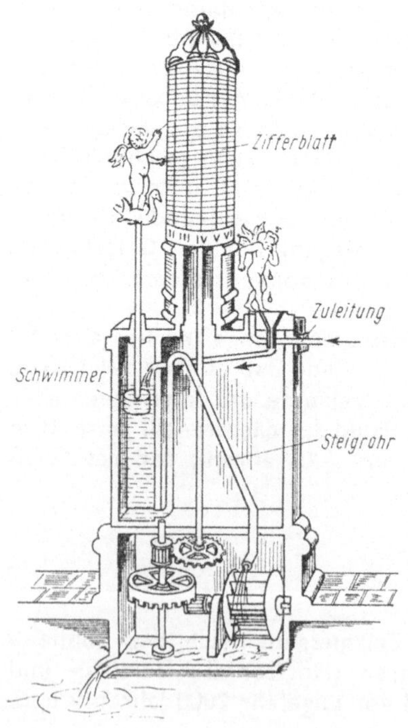

Abb. 12. Wasseruhr des Ktesibios, 2. Jh. v. u. Z.

das durch das darauffallende Wasser in Drehung versetzt wurde und seinerseits ein ganzes System von Übersetzungsmechanismen antrieb. Die Klepsydra des Ktesibios zeigte Stunden, Tage, Monate und sogar die jedem Monat entsprechenden Tierkreiszeichen an [16]. Rein äußerlich sah die Uhr des Ktesibios einem Schränkchen ähnlich (Abb. 12), dem eine Säule aufgesetzt war, an der sich zwei geflügelte Knaben gegenüberstanden. In dem Tempel, wo die Uhr des Ktesibios entdeckt worden war, war eine Wasserleitung vorhanden, mit der der Wassertank der Uhr ständig gefüllt wurde, so daß die Uhr automatisch lief.
Die Säule mit einer wellenförmigen Stundeneinteilung in der Klepsydra des Ktesibios dreht sich in 365 Tagen einmal um sich selbst, da sie die Zeit nach der Sonne anzeigen mußte. Die Sonnentage weisen unterschiedliche Länge auf, so daß das Zifferblatt täglich gewechselt werden muß.

Räderturmuhrwerke

Schon gegen Ende des ersten Jahrtausends unserer Zeitrechnung wurden mechanische Uhren gebaut. Der Übergang von Wasseruhren zu mechanischen Uhren war schwieriger als der von den Sonnen- zu den Wasseruhren, da der Uhrmechanismus mit einem Gangwerk ausgestattet und den Zeigern eine bestimmte Geschwindigkeit mitgeteilt werden mußte.
Die Erfindung der mechanischen Uhren schreibt man Pacificus aus Verona (9. Jh.) und dem Papst Silvester II. zu, der angeblich auch eine Uhr in Magdeburg gebaut haben soll (10. Jh.).
Die ersten Uhren mit Rädergangwerk tauchten 1336 in Mailand auf. In Paris wurden die ersten mechanischen Uhren im Jahre 1370 hergestellt. Die als erste Variante 1352 gebaute Uhr am Straßburger Münster besaß einen Globus mit Anzeiger der Sternenzeit, einen Anzeiger der mittleren Zeit, einen ewigen Kalender mit Feiertagen und gab die Auf- und Untergangszeiten der Sonne, die Mondphasen und Finsternisse an, d. h., sie war eine Kalenderuhr (Abb. 13).

Kalenderuhren mit Federtriebwerken

Infolge der Unvollkommenheit des Pendels der Turmuhren erreichte ihre Ungenauigkeit bis zu $1/4$ Stunde am Tag.
Die eigentliche Geschichte der Uhr beginnt mit dem Jahre 1582,

Abb. 13. Kalenderuhr des Straßburger Münsters

als der 18jährige Galilei bei der Beobachtung des Schwingens eines Leuchters im Pisaer Dom und dem Vergleich mit dem Schlagen seines Pulses die Isochronie des Pendels bei kleinen Ausschlägen (d. h. die Unabhängigkeit der Schwingungsperiode von der Amplitude) entdeckte. Schon im Jahre 1612 baute J. Bürgi aus Kassel eine Pendeluhr, aber als den Erfinder von modernen mechanischen (Pendel-) Uhren muß man den hervorragenden holländischen Gelehrten Huygens ansehen, der 1657 eine Pendeluhr schuf, die Theorie des Pendels ausarbeitete und

1673 eine Uhr mit Horizontalpendel mit einer Ganggenauigkeit
von 5–10 Sekunden am Tag baute.
Mechanische Uhren fanden bald auch Anwendung bei der Lösung
von Kalenderaufgaben.
In der Mitte des 18. Jahrhunderts stellte der bekannte Rshe-
wsker Mechaniker, Uhrmacher und Erfinder T. I. Woloskow
(1729–1801), der sich mit Astronomie, Mechanik und der Farben-
chemie befaßte, nach mehrjähriger Arbeit eine bemerkenswerte
astronomische Kalenderuhr her. Diese vermittelte ein voll-
ständiges Bild der täglichen Bewegung der Himmelskörper [16].
Die Uhrzeiger zeigten nicht nur die Tageszeit, sondern auch die
Tage, Wochen, Monate und Jahre an und gaben gesondert die
Schaltjahre an. Außerdem enthält die Uhr Woloskows einen
Rechenmechanismus, mit dem komplizierte Berechnungen
durchgeführt und religiöse Feiertage bestimmt werden können.
I. P. Kulibin baute neben den bekannten [16] noch eine bemerkenswerte Kalenderuhr, die in ihrer Kompliziertheit noch die
astronomische Uhr Woloskows übertraf. Sie besitzt ein Wochen-
laufwerk. Über dem Zifferblatt ist ein silberner Mond von der
Größe eines Taubeneis angeordnet. Der Mond änderte jeden
Tag sein Aussehen und zeigte somit die tatsächliche Mondphase
an. Rund um das Zifferblatt sind die 12 Tierkreiszeichen angebracht. Eine goldene Sonne bewegt sich auf dem Tierkreis
und zeigt den wirklichen Sonnenstand in den Sternbildern an.
Auf dem gleichen Kreis bewegten sich auch die Planetendarstel-
lungen.
Aber die bewundernswerteste Kalenderuhr ist im Iwanower
Bezirksmuseum ausgestellt. Sie ist in einen Kasten von der
Größe eines Kleiderschrankes eingebaut und besteht aus drei
voneinander unabhängigen Mechanismen. Der mittlere, der
astronomische Teil zeigt die Bewegung der Erde und der anderen Planeten um die Sonne an. Ein Miniaturglobus mit aufgezeichneten Kontinenten und Ozeanen dreht sich dabei um
eine goldene Kugel, die die Sonne darstellen soll. Zu jedem
beliebigen Zeitpunkt kann man die Stellung der Erde zur Sonne
und zu den anderen Planeten ablesen. Im gesamten Mechanismus, der dieses Modell des Sonnensystems steuert, sind etwa
100 Zahnräder verschiedener Abmessungen mit komplizierten
genau berechneten Bewegungen vorhanden.
Der linke, der chronologische Teil der Uhr, stellt einen mechanischen Kalender dar, der das Jahr, den Monat, das Datum, den
Wochentag nicht nur für unsere Zeitrechnung anzeigt, sondern
auch für andere, z. B. die mohammedanische.

Und schließlich im dritten, im geographischen Teil der Uhr zeigen 36 Zifferblätter die Ortszeiten der größten Weltstädte an: Moskau, London, New York, Rio de Janeiro, Montevideo, Sidney u. a.

Nach 1945 klärten Mitarbeiter des Iwanowsker Bezirksarchivs die Geschichte dieser Uhr. Sie wurde 1873 von dem bekannten Pariser Mechaniker A. Billeter auf Bestellung des Herzogs Alba angefertigt, der einen in der Welt einmaligen Gegenstand besitzen wollte. Die Uhr kostete ihn die für damalige Begriffe ungeheure Summe von 280 000 Francs. Nach dem Tod des Herzogs Alba geriet die Uhr in der Schweiz in die Hände von unternehmungstüchtigen Geschäftemachern, die auf ihren Reisen durch Europa die Uhr für Geld zur Schau stellten. Auf diese Weise war diese Uhr auch zwei Jahre in Petersburg zu bewundern. Die Petersburger mußten für eine einmalige Betrachtung dieses Wunders einen Rubel bezahlen. Und trotzdem ruinierten sich die Geschäftsleute. Im Jahre 1912 wurde die Uhr auf einer Auktion versteigert. Sie erwarb der Iwanowsker Fabrikant und Begründer des örtlichen Museums, D. G. Burylin. Zusammen mit anderen Schätzen des Museums vermachte er sie dann seiner Heimatstadt. Einige Jahre später trat in ihrem Mechanismus ein Schaden auf, den sogar die besten Uhrmachermeister nicht beheben konnten. Schließlich nahm sich 1943 der Lehrer des Iwanowsker Pädagogischen Institutes, A. W. Lotozki, dieser Uhr an, die dann auch nach mühseliger Arbeit von ihm wieder repariert werden konnte.

Ähnliche Konstruktionen wurden auch in den darauffolgenden Jahren vorgeschlagen. So konstruierte 1958 Eckle in der BRD eine Uhr, die das Datum, die mittlere Sonnen- und Sternzeit, die synodischen, tropischen und drakonitischen Monate sowie die tropischen Jahre und den Auf- und Untergang von Sonne und Mond für den Schwarzwald anzeigt [29].

Kalendertabellen mit beweglichen Elementen

Allgemeines

Um einen Kalender, d. h. ein tabellarisches Verzeichnis astronomischer Erscheinungen, zusammenstellen zu können, müssen bestimmte Perioden bekannt sein, nach deren Vollendung sich diese Erscheinungen wiederholen. Dazu gehören vor allem der synodische Monat [die Periode des Auftretens gleicher Mondphasen (29,5306 Tage)], das tropische Jahr [der Zeitabschnitt zwischen zwei aufeinanderfolgenden Frühlings-Tagundnachtgleichen (365,2422 Tage)], die Perioden der Verbindung des Mond- und Sonnenkalenders (8, 11 und 19 Jahre), die Perioden des Mondkalenders (8 und 30 Jahre), die Periode der Wiederkehr von Finsternissen [Sarosperioden (18 Jahre und 10,8 oder 11,8 oder 12,8 Tage)], die 28jährige Periode der Wiederholung der Wochentage im Julianischen Kalender, die kirchliche „große Indiktion" ($28 \times 19 = 532$ Jahre) u. a.

Der älteste derartige Kalender ist die Sarosperiode mit ihrem Verzeichnis der Neumondphasen und Finsternisse, die zweifellos empirisch schon im 6. Jahrhundert v. u. Z. in China und Babylon entdeckt wurde. Danach folgen der griechische und chinesische 19jährige Zyklus (5. Jh. v. u. Z.) der Wiederholung der Mondphasen und die darauf aufbauenden Parapegmen.

Die Schwierigkeit der Abstimmung des bürgerlichen Kalenders mit der Bewegung von Sonne und Mond machte im alten Griechenland von Zeit zu Zeit die Herausgabe von speziellen Tabellen (Parapegmen) erforderlich, in denen für mehrere Jahre im voraus Angaben über die Mondphasen, den Auf- und Untergang einiger heller Sterne und Wettervorhersagen enthalten waren.

In der Türkei, wo der Mondkalender gebräuchlich war, benutzte man die Periode von 8 Mondjahren (zu je 12 Mondmonaten) = 2835 Tage = 405 Wochen, nach deren Ablauf die Neumondstände auf den gleichen Wochentag fielen. Auf der Basis dieses Zyklus aufgestellte Verzeichnisse der Neumondstände wurden „Rus-name", d. h. „Tagesbuch", genannt [17].

Im Grunde genommen könnte man auch das berühmte Werk von C. Ptolemäus (120 u. Z.) „Almagest" zu den astronomischen Kalendern zählen, ein astronomisches Tafelwerk, in dessen 13 Bänden die Tagesbewegung des Himmelsgewölbes, die Bewegungen von Sonne, Mond und den Planeten beschrieben waren.

Im 2. Jahrhundert u. Z. schuf Ptolemäus die chronologische Tabelle „Kanon der Könige" für den Zeitabschnitt vom 27. Februar 747 v. u. Z. (Ära des Nabonassar) bis zum Jahre 161 u. Z., die eine wertvolle Hilfe für die Geschichtsforschung darstellt.
Bei Ausgrabungsarbeiten des im Jahre 79 u. Z. während des Ausbruchs des Vesuvs verschütteten Pompeji wurde ein aus weißem Marmor geschnittener Würfel gefunden, dessen Seitenflächen in drei Spalten eingeteilt waren. Darüber war die Monatsbezeichnung und darunter die Tagesbezeichnung eingezeichnet. Diese vier Würfelflächen entsprachen den Jahreszeiten, den Quartalen [16].
Für die Berechnung der Feiertage, vor allem des Osterfestes, gebrauchte die Kirche den 19jährigen Metonischen Zyklus. Das erste Verzeichnis des Osterfestes für die Jahre 153–247 der Ära des Diokletian, d. h. für 437–531 u. Z., stellte der alexandrinische Patriarch Kyrill zusammen. Nach Ablauf dieser Zeit wurde das Verzeichnis von dem römischen Mönch Dionysius Exiguus fortgesetzt. Einen wissenschaftlichen Wert hatten diese Verzeichnisse jedoch nicht.
In der Bibliothek „Matenadaran" (Armenische SSR) werden die ältesten Kalenderseltenheiten aufbewahrt: eine Übersetzung der Werke des bekannten griechischen Kalendergelehrten des 4. Jahrhunderts, Andrias von Byzanz, ein Fragment einer von einer Gruppe von Astronomen in Alexandrien zusammengestellten Tabelle eines 532jährigen Kalenderzyklus, Werke des Gelehrten aus dem 7. Jahrhundert, Anania Schirakazi, usw. [1]. Der im 11. Jahrhundert in Kairo arbeitende arabische Astronom Ibn-Junis veröffentlichte eine Reihe astronomischer und mathematischer Tabellen („Hakemitische Tabellen"), die während zweier Jahrhunderte als Muster dienten.
Das wichtigste Werk der mauretanischen Astronomen in Spanien sind die unter der Leitung von Arsachel 1080 in Toledo veröffentlichten astronomischen Tabellen.
Im damaligen Rußland wurde 1136 in Nowgorod von einem klösterlichen Diakon ein astronomisches Buch herausgegeben, in dem beschrieben wird, wie die Menschen die Zeit messen, außerdem werden die Grundlagen eines Lunisolarkalenders dargelegt [16].
Charakteristisch für die Entwicklung der Astronomie in Mittelasien sind die Arbeiten von Nassir-Edin und Ulug-Bek. Auf Befehl des Gulagu-Chan, eines Enkels des Dschingis-Chan, erbaute Nassir-Edin das Observatorium in Meraga, nahe der nordwestlichen Grenze des heutigen Iran. Eine Gruppe von Astro-

nomen schuf unter seiner Leitung die Il-Chaner Tabellen mit Sternkatalogen für die Errechnung des Planetenstandes [5].

Die Alphonsinischen Tabellen wurden im Jahre 1252 von Alphons X., dem König von Leon-Kastilien, veröffentlicht, der auch die Enzyklopädie der astronomischen Kenntnisse „Libros des Saber" herausgab. Die Kirche verzieh diesem König seine Leidenschaft für die Astronomie nicht. Nachdem er angesichts des verwickelten Ptolemäischen Weltsystems einmal erklärte: „Hätte mich Gott bei der Schöpfung zu Rate gezogen, ich hätte der Welt eine bessere Ordnung gegeben", wurde er von der Kirche verfolgt und verlor seinen Thron [5].

Die Erfindung des Buchdruckes begünstigte in starkem Maße die Verbreitung von Kalendern. Der erste gedruckte Kalender der Welt des deutschen Gelehrten Regiomontanus (J. Müller; 1436–1476) wurde als sechsseitiges Album im Jahre 1474 herausgegeben. Auf der ersten Seite ist eine Kalendertabelle abgedruckt, auf den übrigen Seiten verschiedene Tabellen mit Angaben über die Bewegung der Himmelskörper, den Wechsel der Feiertage, die Stellung der Planeten zwischen den Sternen, die Finsternisse und andere für die Seeleute wichtige Erscheinungen. Neben einer Reihe von Kalendern gab Müller das Buch „Ephemeriden" (Stellungen der Himmelskörper) mit vollständigen und präzisen astronomischen Daten für 30 Jahre im voraus heraus. Dieses Werk enthielt u. a. auch astronomische Angaben zur Bestimmung der geographischen Länge und Breite auf See, wozu Regiomontanus eine neue Methode entwickelte (Methode der Mondentfernungen). Mit der Herausgabe dieser Tabellen wurde die Hochseeschiffahrt unterstützt [5].

Mit Hilfe dieser Ephemeriden soll Christoph Kolumbus während einer Notlage auf der Insel Jamaika die Mondfinsternis vom 1. März 1504 nach dem alten Stil benutzt haben, um von den Eingeborenen Lebensmittel und Unterstützung zu erhalten, indem er ihnen drohte, den „Mond" wegzunehmen, den sie anbeteten. Mit Eintritt der Finsternis erfüllten die Wilden alle seine Forderungen [42].

Im Jahre 1551 gab E. Reinhold auf der Grundlage des Werkes von Kopernikus „Über den Umlauf der Himmelskörper" die Preußischen Tabellen heraus. Der Autor erklärte, daß mit diesen Tabellen die Stellungen der Himmelskörper für 3000 Jahre im voraus berechnet werden können und daß diese Stellungen von allen in diesem Zeitraum durchgeführten Beobachtungen bestätigt würden. Diese Tabellen begünstigten die Anerkennung und Verbreitung des heliozentrischen Systems von Kopernikus und galten 75 Jahre. (Kopernikus äußerte einmal, daß er sehr zufrieden wäre, wenn seine Theorie mit den Beobachtungen wenigstens zehn Jahre übereinstimmen würde!) Die Reinholdschen Tabellen zeigten aber bald Differenzen bis zu 4 und 5°, wie von Tycho Brahe und Kepler beobachtet wurde [5].

Im Jahre 1627 gab J. Kepler in Ulm die genaueren Rudolphinischen Tabellen heraus, die sich auf die von ihm entdeckten drei Planetengesetze stützten und die Grundlage aller Planetenberechnungen für ungefähr ein Jahrhundert blieben.

Der älteste bekannte russische Kalender erschien 1670 in Moskau. Der erste russische gedruckte Kalender wurde auf Anweisung Peter I. im Jahre 1702 in einer russischen Druckerei in Amsterdam herausgegeben, ein Jahr vor der Gründung Petersburgs. Der erste in einer Moskauer Druckerei hergestellte Kalender erschien im Jahre 1709.

Kalender mit Drehscheiben

Kompaßkalender von F. Denisow. In Kasimow wurde ein origineller Kupferkalender gefunden [19, 8]. Dieser Kalender ist ein Nachfolger der griechischen und arabischen transportablen Kalender und ein Vorgänger der modernen tragbaren ewigen Kalender. Wie die Inschriften auf ihm aussagen, wurde er 1787 in Jekatarinburg von Denisow für den alten Stil geschaffen. Der Meister selbst bezeichnete sein Gerät als „allgemeinen und immerwährenden Kalender", wie die in das Kupfer eingravierte Inschrift lautet. Mit besonderen drehbaren Scheiben kann man Datum, Monat, Tagesanzahl eines Monats, Länge von Tag und Nacht und Auf- und Untergangszeiten der Sonne ermitteln. Man kann daher annehmen, daß Denisow über für die damalige Zeit umfangreiche Kenntnisse auf dem Gebiet der Astronomie verfügte. Als zusätzlicher Komfort für Reisende war der Kalender mit einem wunderschön geschmückten Kompaß versehen.

Der Metallkalender des Verlages „Gudok", 1929. Dieser Kalender [25] (Abb. 14) für den neuen Stil und einen Zeitabschnitt von 17 Jahren (1929–1945) besteht aus einer starren metallenen Basis von 90 mm × 60 mm, auf der zwei konzentrische Kreise aufgezeichnet sind, und einer beweglichen Metallscheibe von 48 mm Durchmesser, die drehbar auf einer mit den Mittelpunkten der Kreise zusammenfallenden Achse lagert. Auf dem äußeren Kreis sind die Jahreszahlen von 1929 bis 1945 an-

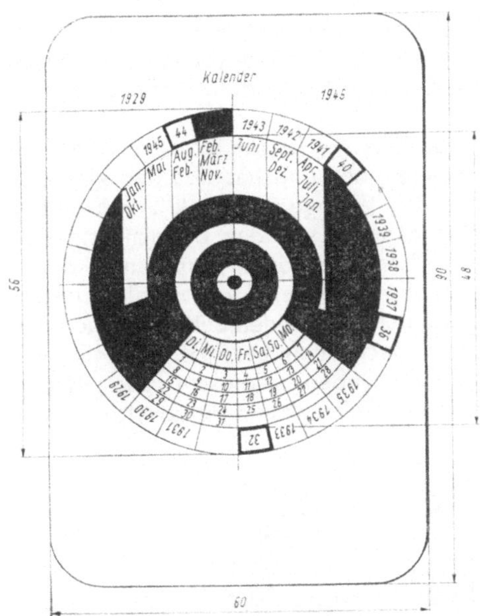

Abb. 14. Metallkalender des Verlages „Gudok"

geordnet, auf dem inneren die Wochentage, die sich insgesamt auf diesem Kreis viermal wiederholen. Auf sieben parallelen Feldern der starren Scheibe sind die Monate eingezeichnet. Ein Scheibensektor zeigt die Tageszahlen des Monats von 1 bis 31 an. Über ihnen befindet sich ein bogenförmiger Ausschnitt, durch den die Wochentagsbezeichnungen sichtbar sind. So sind bei einer jeden beliebigen Stellung der Scheibe in diesem Ausschnitt gleichzeitig sieben Tage, d. h. eine volle Woche sichtbar.
Bei der Benutzung des Kalenders muß die Scheibe so gedreht werden, daß dem jeweiligen Jahr auf dem Außenkreis der Basis das Feld mit der Bezeichnung des entsprechenden Monats gegenübersteht. Nach der Einstellung der Scheibe ergibt der Sektor mit den Tageszahlen des Monats zusammen mit den Wochentagen der Aussparung den Kalender für den jeweiligen Monat des entsprechenden Jahres. Danach kann wie auf einem gewöhnlichen Monatskalender der Wochentag des jeweiligen Datums ermittelt werden.
Beispiel: Auf welchen Wochentag fiel der 6. Juni 1935 nach dem neuen Stil (Todestag von W. W. Kuibyschew)?

45

Nach der Einstellung des Feldes „Juni" gegenüber der Jahreszahl 1935 erhält man im Sektor mit den Tageszahlen des Monats gegenüber der Sechs das Zeichen „Do", d. h. Donnerstag, als Antwort.

Der Kalender Esperanto, 1951. Er ist für 49 Jahre (1951 bis 2000) für den neuen Stil berechnet und hat fast den gleichen Aufbau wie der Kalender des Verlages „Gudok". Auf einem Kartonuntergrund ist eine Scheibe mit der Bezeichnung der Wochentage und der Buchstaben des Wortes „Esperanto" drehbar befestigt. Die Basis ist oben mit den Monatszahlen, unten mit den monatlichen Tageszahlen und an den Seiten mit den das Wort „Esperanto" bildenden Buchstaben beschriftet. Für Schaltjahre sind zwei Buchstaben angegeben. In diesem Falle gilt der erste für die Monate Januar und Februar und der zweite für alle

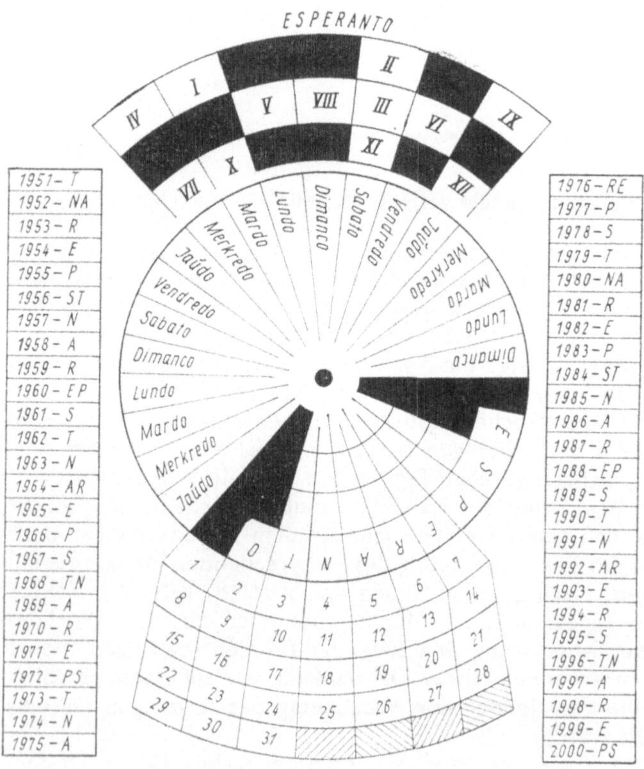

Abb. 15. Ewiger Kalender Esperanto

übrigen (Abb. 15). Sacharowski entdeckte in ihm folgenden Fehler: Für 1966 muß es R und nicht P heißen.

Um eine Kalendertabelle für den jeweiligen Monat des entsprechenden Jahres zu erhalten, muß man durch Drehung der Scheibe den dem bestimmten Jahr entsprechenden Buchstaben dem jeweiligen Monat gegenüberstellen.

Beispiel: Es ist der Wochentag des 1. Januar 2000 zu ermitteln. Nach der Einstellung des Buchstaben P gegenüber „Januar" kann abgelesen werden, daß dieser Tag auf einen Samstag fällt.

Dieser Kalender ist auf dem 28jährigen Wiederholungszyklus aufgebaut. Er ist einfach, aber die zusätzliche Tabelle erschwert seine Nutzung über eine längere Zeit (über 50 Jahre).

Kalender von L. T. Sacharowski, 1955. Dieser 1955 von dem Amateurastronomen Sacharowski in Nowosibirsk erarbeitete Kalender [32, 33] ist von origineller Konstruktion und erinnert etwas an kreisförmige Rechenschieber, wie sie für schnelle Berechnungen in einigen Gebieten der Technik angewendet werden, sowie an einstellbare Fotobelichtungsmesser (Abb. 16).

Mit diesem Kalender können nicht nur schnell der Wochentag eines beliebigen Datums nach der Julianischen oder Gregorianischen Zeitrechnung ermittelt werden, sondern auch die Wochentage für Daten des sog. Weltkalenders.

Der Kalender besteht aus einer drehbaren, unter einem starren Deckel an einer Achse befestigten Scheibe. Die Scheibe (Abb. 17)

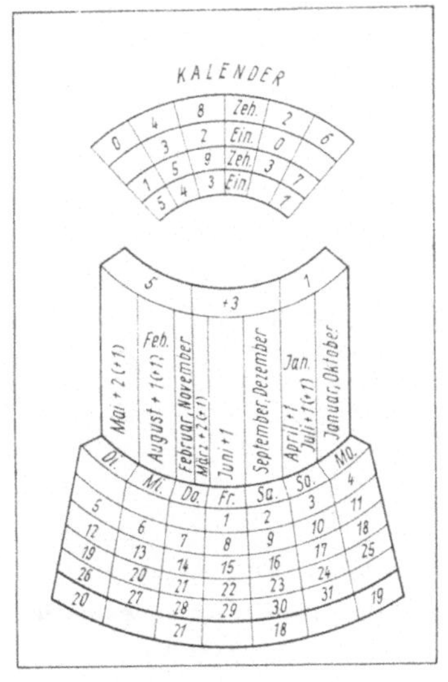

Abb. 16. Zusammengesetzte Form des ewigen Kalenders von L. T. Sacharowski

Abb. 17. Innere Scheibe des ewigen Kalenders von L. T. Sacharowski

enthält vier konzentrische Ringe, die durch Radiusabschnitte in Felder eingeteilt sind. Jeder Ring besitzt 28 Felder. Die Felder des Außenringes enthalten die Wochentagsbezeichnungen. 28 solcher Felder ergeben 4 Wochen.

Die Felder des zweiten und vierten Ringes (vom Außenrand gerechnet) sind mit den Einern der zweistelligen Jahreszahl des entsprechenden Datums beziffert. Der dritte Ring ist leer.

Der Deckel (Abb. 18) besteht aus einem oberen, einem mittleren und einem unteren Teil. Die Ziffern im oberen Teil der bogenförmig angeordneten Felder bezeichnen die Zehner der Jahreszahl. Die Aussparungen dienen zum Einstellen der Einer der beweglichen Scheibe unter die Zehner des starren Deckels.

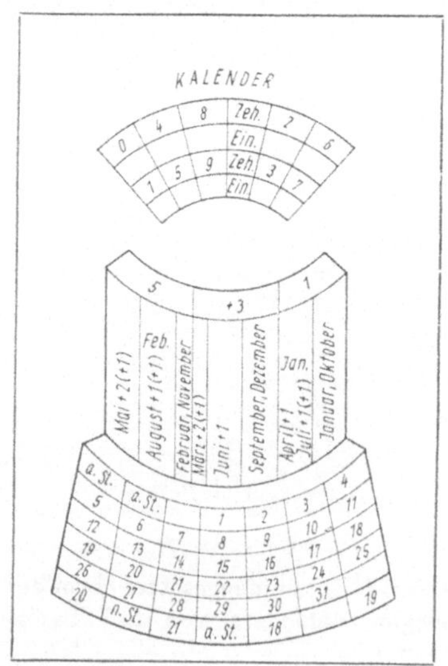

Abb. 18. Äußerer Mantel des ewigen Kalenders von L. T. Sacharowski

Im mittleren Teil befinden sich in acht länglichen senkrechten Feldern die Monatsbezeichnungen und darüber die Korrekturwerte für den Übergang zum Weltkalender und dessen Sonntagsdaten (5; 3; 1). Der untere Teil enthält 42 Felder mit 35 Zahlen. Erstens bezeichnen diese Zahlen die Nummern der vollen Jahrhunderte des alten Stils für die gegebene Jahreszahl und zweitens das monatliche Datum (mit Ausnahme der vier Ziffern in der untersten dick umrandeten Zeile) bei der Auffindung des endgültigen Ergebnisses.

Die vier unteren Ziffern des Deckels geben die vollen Jahrhunderte nach dem neuen Stil an. Zwischen dem mittleren und dem unteren Teil des Deckels befindet sich eine längliche bogenförmige Aussparung, unter der die Wochentagsbezeichnungen auf der drehbaren Scheibe eingestellt werden können. In dieser Aussparung sind sieben Wochentage gleichzeitig sichtbar, wobei diese zusammen mit den Ziffern des Deckels als Endergebnis den Kalender für den Monat des gegebenen Datums bilden.

Beispiel: Es ist zu bestimmen, an welchem Wochentag der Begründer Moskaus, der Fürst Juri Dolgoruki, gestorben ist (15. Mai 1157 nach altem Stil).

Durch Drehung der Scheibe wird deren Ziffer „7" unter die Zehnerziffer „5" im oberen Teil des Deckels eingestellt. In diesem Falle befindet sich unter der Monatsspalte „Mai" der Wochentag Samstag („Sa"). Nun wird das Zeichen „Sa" soweit gedreht, bis es sich über die Spalte mit der Ziffer „11" befindet (Zahl der vollen Jahrhunderte). Somit stellt der Deckel den Tabellenkalender für den Monat Mai des Jahres 1157 dar. Daraus ist leicht zu ersehen, daß der 15. Mai auf einen Mittwoch fiel.

Obwohl der Kalender von Sacharowski in seinem Aufbau komplizierter ist als eigentliche Kalendertabellen, muß er hinsichtlich des schnellen Erhalts des Ergebnisses und seiner bequemen Handhabung als einer der besten und wohl vollkommensten ewigen Kalender anerkannt werden, da nur zwei Drehungen der Scheibe und keinerlei Berechnungen notwendig sind.

Buchkalender

Kalender von S. P. Tupjakow, 1962. Tupjakow (Leningrad) wies darauf hin, daß für die Ausgabe von 20 Millionen Kalendern jährlich in der Sowjetunion ungefähr 800 000 Rubel aufgewendet werden müssen, und schlug deshalb aus ökonomischen

Tabelle 1. Tabellen von S. P. Tupjakow

Die 14 Jahreskalender sind aus technischen Gründen am Ende des Buches angeordnet. Für Gemeinjahre gilt der aus dem Feld „Nummer der Wochentage und Kalender" ermittelte Kalender. Für Schaltjahre ist die Kalendernummer um 7 zu erhöhen. (Schaltjahre sind unterstrichen, bei 00 ist die Jahrhundertschaltregel des neuen Stils zu beachten.)

Letzte Jahreszahlziffern

00	01	02	03	04	—	05
06	07	08	—	09	10	11
12	—	13	14	15	16	—
17	18	19	20	—	21	22
23	24	—	25	26	27	28
—	29	30	31	32	—	33
34	35	36	—	37	38	39
40	—	41	42	43	44	—
45	46	47	48	—	49	50
51	52	—	53	54	55	56
—	57	58	59	60	—	61
62	63	64	—	65	66	67
68	—	69	70	71	72	—
73	74	75	76	—	77	78
79	80	—	81	82	83	84
—	85	86	87	88	—	89
90	91	92	—	93	94	95
96	—	97	98	99	—	00

Nummer der Wochentage und Kalender | **Hunderter der Jahreszahl**

Nummer der Wochentage und Kalender							alter Stil			neuer Stil										
6	7	1	2	3	4	5		06	13											40
5	6	7	1	2	3	4	00	07	14	01	05	09	13	17	21	25	29	33	37	
4	5	6	7	1	2	3	01	08	15											41
3	4	5	6	7	1	2	02	09	16	02	06	10	14	18	22	26	30	34	38	
2	3	4	5	6	7	1	03	10	17											42
1	2	3	4	5	6	7	04	11	18	03	07	11	15	19	23	27	31	35	39	
7	1	2	3	4	5	6	05	12	19	04	08	12	16	20	24	28	32	36	—	43

Erwägungen vor, einen ewigen Kalender mit einem beweglichen Element oder aber eine Tabelle für den Wochentag des 1. Januar aller Jahre in Verbindung mit den 14 möglichen Jahreskalendern herauszugeben.

Mit Hilfe von Tab. 1 wird also ermittelt, auf welchen Wochentag der 1. Januar des gewünschten Jahres fällt. Die Wochentage sind als Nummern angegeben, wobei 1 = Mo, 2 = Di, 3 = Mi ... 7 = So entspricht. Für Gemeinjahre ist die Wochentagsnummer gleich der Nummer des Jahreskalenders. Für Schaltjahre ist zur Wochentagsnummer 7 zu addieren, damit man die Nummer des richtigen Jahreskalenders erhält.

Tab. 1 gilt für die Jahre 1–1999 nach altem Stil und für die Jahre 1–4399 nach neuem Stil. Die Wochentagsnummer und damit die Nummer für den Jahreskalender findet man als Schnittpunkt der Zeile mit den Hundertern der Jahreszahl und der Spalte mit den Zehnern und Einern der Jahreszahl. Schaltjahre sind unterstrichen. Beim neuen Stil ist zu beachten, daß von den „Nulljahren" nur 400, 800, 1200 usw. Schaltjahre sind.

Schiebekalender

Schiebekalender von J. I. Schur, 1958. Schur schlug einen originellen Schiebekalender [42] für den neuen Stil für den Zeitraum von 1956 bis 1983 (28 Jahre) vor, mit dem die Wochentage aus dem Datum innerhalb einer Periode von 28 Jahren des laufenden Jahrhunderts bestimmt werden können (Abb. 19). Hierbei ist das Mittelteil verschiebbar (vgl. Titelbild).

Beispiel: An welchem Wochentag wurde der 3. sowjetische künstliche Erdsatellit gestartet (15. Mai 1958 neuen Stils)?

Dazu wird mit dem Schieber der Monat Mai (V) neben das Jahr 1958 eingestellt. Neben dem Feld mit der Ziffer 15 befindet sich dann das Zeichen „Do", also ein Donnerstag.

Ein solcher Schiebekalender kann leicht aus Karton oder Kunststoff hergestellt werden. Die Bestimmung selbst erfolgt schnell und einfach. Darin besteht zweifellos der Vorteil dieses Kalenders. Werden jedoch die mit der bekannten Periodizität des Kalenders festgelegten Grenzen überschritten, geht dieser Vorteil verloren: Es müssen zusätzliche Berechnungen – Multiplikation mit oder Division durch 28 – durchgeführt werden, die seine rasche Handhabung stark beeinträchtigen.

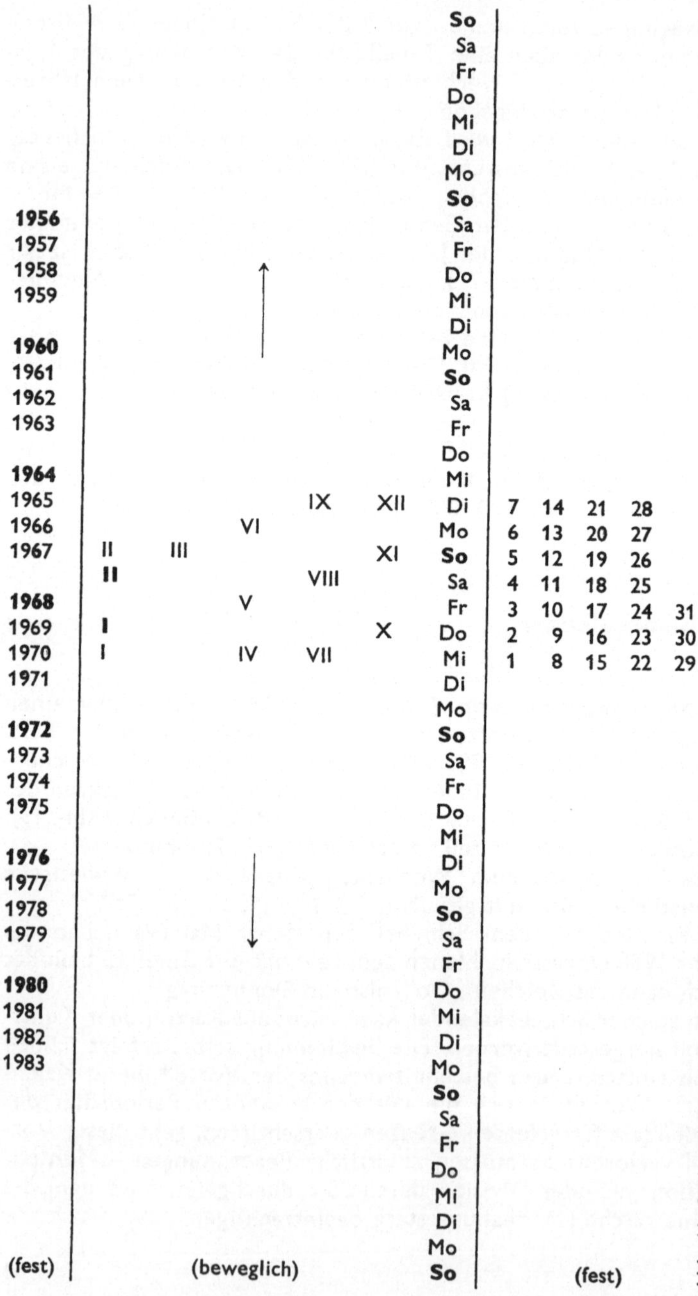

Abb. 19. Schiebekalender von J. I. Schur (schem. Darstellung)

(fest)

1956
1957
1958
1959

1960
1961
1962
1963

1964
1965
1966
1967

1968
1969
1970
1971

1972
1973
1974
1975

1976
1977
1978
1979

1980
1981
1982
1983

(beweglich)

II   III   VI   IX   XII
II   VI   IX   XI
II   III   VIII   XI
          V
I   X
I   IV   VII

So
Sa
Fr
Do
Mi
Di
Mo
So
Sa
Fr
Do
Mi
Di
Mo
So
Sa
Fr
Do
Mi
Di
Mo
So
Sa
Fr
Do
Mi
Di
Fr
Do
Mi
Di
Mo
So
Sa
Fr
Do
Mi
Di
Mo
So
Sa
Fr
Do
Mi
Di
Mo
So

(fest)

7   14   21   28
6   13   20   27
5   12   19   26
4   11   18   25
3   10   17   24   31
2   9   16   23   30
1   8   15   22   29

Schiebekalender von I. P. Konogorski, 1959. Mit dem Schiebekalender von Konogorski können die Wochentage nach dem alten und neuen Stil ermittelt werden (Abb. 20).

Beispiel: Es ist der Wochentag des 7. November 1917 neuen Stils zu bestimmen.

Die Ziffer „7" auf der unteren Zeile der Einer des Läufers B wird unter eine „1" der Zehner der Skala A geschoben. Gegen-

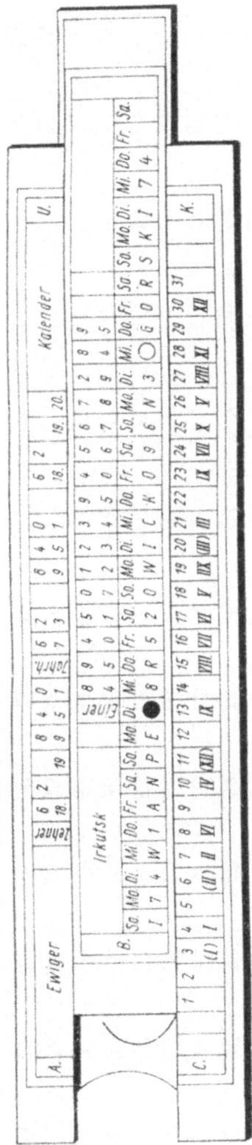

Abb. 20. Schiebekalender von I. P. Konogorski

Anmerkung
zu Skala A: Zehner ohne Punkt,
                    Jahrhunderte mit Punkt

Korrektur
zu Skala C: 11 12 13   14 15 16 17 18 19 20
        X   VIII   VI IV VII I V (II)

Tabelle 2. Schiebekalender von I. G. Wolkow

Monat	Läufer					
	Sonntag					
Februar, März, November	Montag		6	13	20	27
August (Februar S)	Dienstag ↑		7	14	21	28
Mai	Mittwoch	1	8	15	22	29
Januar, Oktober	Donnerstag	2	9	16	23	30
April, Juli (Januar S)	Freitag	3	10	17	24	31
September, Dezember	Samstag ↓	4	11	18	25	—
Juni	Sonntag	5	12	19	26	—
	Montag					

Zehnerjahre alten Stils

0	14	28	42	56	70	84	98	112	126	140	154	168	182	196	210
1	15	29	43	57	71	85	99	113	127	141	155	169	183	197	211
2	16	30	44	58	72	86	100	114	128	142	156	170	184	198	212
3	17	31	45	59	73	87	101	115	129	143	157	171	185	199	213
4	18	32	46	60	74	88	102	116	130	144	158	172	186	200	214
5	19	33	47	61	75	89	103	117	131	145	159	173	187	201	215
6	20	34	48	62	76	90	104	118	132	146	160	174	188	202	216
7	21	35	49	63	77	91	105	119	133	147	161	175	189	203	217
8	22	36	50	64	78	92	106	120	134	148	162	176	190	204	218
9	23	37	51	65	79	93	107	121	135	149	163	177	191	205	219
10	24	38	52	66	80	94	108	122	136	150	164	178	192	206	220
11	25	39	53	67	81	95	109	123	137	151	165	179	193	207	221
12	26	40	54	68	82	96	110	124	138	152	166	180	194	208	222
13	27	41	55	69	83	97	111	125	139	153	167	181	195	209	223

Zehnerjahre neuen Stils									Einerjahre (unserer Zeitrechnung)									
									0	1	2	3	4	5	6	7	8	9
	166	170		188	192	206	210		Sa	So	Mo	Di	Do	Fr	Sa	So	Di	Mi
	167	171		189	193	207	211		Do	Fr	So	Mo	Di	Mi	Fr	Sa	So	Mo
	168	172			194	208	212		Mi	Do	Fr	Sa	Mo	Di	Mi	Do	Sa	So
	169	173			195	209	213		Mo	Di	Do	Fr	Sa	So	Di	Mi	Do	Fr
		174			196		214		So	Mo	Di	Mi	Fr	Sa	So	Mo	Mi	Do
		175			197		215		Fr	Sa	Mo	Di	Mi	Do	Sa	So	Mo	Di
158		176	180		198		216	220	Do	Fr	Sa	So	Mo	Mi	Do	Fr	So	Mo
159		177	181		199		217	221	Di	Mi	Fr	Sa	So	Mo	Mi	Do	Fr	Sa
160		178	182		200		218	222	Mo	Di	Mi	Do	Sa	So	Mo	Di	Do	Fr
161		179	183		201		219	223	Sa	So	Di	Mi	Do	Fr	So	Mo	Di	Mi
162			184		202			224	Fr	Sa	So	Mo	Mi	Do	Fr	Sa	Mo	Di
163			185		203			225	Mi	Do	Sa	So	Mo	Di	Do	Fr	Sa	So
164			186	190	204			226	Di	Mi	Do	Fr	So	Mo	Di	Mi	Fr	Sa
165			187	191	205			227	So	Mo	Mi	Do	Fr	Sa	Mo	Di	Mi	Do

Einerjahre (vor unserer Zeitrechnung) nicht abgebildet

über der Ziffer „XI" (November) auf der Skala C erhält man dann auf der untersten Zeile des Läufers B die Bezeichnung „s". Nach Einstellen von „s" unter die Ziffer „19." der Jahrhunderte wird auf der untersten Zeile des Läufers gegenüber der Ziffer „7" der Skala C abgelesen, daß der 7. November ein Mittwoch war.

Die Drehbewegung des Kalenders von Sacharowski ist hier nur durch eine geradlinige Bewegung ersetzt.

Kalender mit Läufer von I. G. Wolkow, 1962. Dieser Kalender [10] ist für 2240 Jahre nach dem Julianischen Stil und für 2280 Jahre nach dem Gregorianischen Stil vor und nach unserer Zeitrechnung anwendbar. Das ist ein längerfristiger ewiger Kalender und der einzige Kalender, der auch für die Periode vor unserer Zeitrechnung Gültigkeit hat. (Im Text wird der Kalender für die Benutzung nach unserer Zeitrechnung beschrieben. Für den Gebrauch im Zeitraum vor unserer Zeitrechnung muß links noch eine Hilfstabelle beigefügt werden.)

Der Kalender besteht aus sechs Teilen (Tab. 2). Im oberen Teil befinden sich die nach dem Wiederholungsprinzip der Wochentage in Zeilen angeordneten Monatsbezeichnungen; rechts davon ist in einer Aussparung ein bewegliches Band (Läufer) mit den Wochentagsbezeichnungen und noch weiter rechts die Tabelle der Monatstage angeordnet. Januar und Februar für Schaltjahre sind in Klammern mit dem Buchstaben „S" angegeben.

In der Mitte des unteren Teils sind die Zehnerjahre nach dem alten und neuen Stil angeordnet. Rechts davon befinden sich die „Schlüssel"wochentage für die Einerjahre unserer Zeitrechnung und links davon die „Schlüssel"wochentage für die Einerjahre vor unserer Zeitrechnung (nicht abgebildet).

Beispiel: Es ist der Wochentag des 1. Januar 2000 neuen Stils (Schaltjahr) zu bestimmen.

Als Schlüsselwochentag für das Jahr 2000 finden wir den Montag (Mo) und stellen diesen der Januar S-Zeile gegenüber ein. Der gesuchte Wochentag wird somit als Samstag bestimmt. Der Schlüsseltag ist für das gesamte Jahr konstant, muß aber Monat für Monat verschoben werden. Es sei noch bemerkt, daß negative Jahre (vor unserer Zeitrechnung) im astronomischen Sinne gezählt werden, d. h., es muß berücksichtigt werden, daß ein Nulljahr unserer Zeitrechnung nicht existiert. Das bedeutet z. B., daß das Jahr 1400 v. u. Z. dem Jahr −1399 entspricht.

Unter Anwendung der bekannten Periodizitäten kann der Kalender von Wolkow beliebig verlängert werden.

Kalender mit Läufer von S. P. Tupjakow, 1964. Er ist bis zum Jahre 4000 nach dem neuen Stil und 2000 nach dem alten Stil anwendbar. Der Kalender stellt eine Tabelle aus Karton (Tab. 3) mit zwei Läufern dar: einem oberen Läufer A mit den Zahlen der Jahrhunderte und den Monatsbezeichnungen und einem unteren Läufer B mit den Monatstagen. Der starre Teil des Kalenders ist mit den Jahren und Wochentagen beschriftet. Durch Verschieben des oberen Läufers wird die Zahl des Jahrhunderts über die Zahl des Jahres gestellt. Danach wird mittels Verschieben des unteren Läufers der Monatserste unter den jeweiligen Monat gebracht.

Auf Tab. 3 ist die dem Sept. 1979 entsprechende Stellung abgebildet. Die Benutzung zweier Läufer aber ist recht unbequem und führt zu einem schnellen Verschleiß des Kalenders.

Kalender mit Läufer von L. T. Sacharowski, 1962. Dieser Kalender ist bis zum Jahre 3199 alten Stils und für die Periode von 1500–2099 neuen Stils gültig. Im linken Teil der Tab. 4 sind oben die Monatsbezeichnungen und unter diesen die Wochentage angeordnet. Im mittleren beweglichen Teil befinden sich die Nummern der verflossenen Jahrhunderte (d. h. die ersten zwei Ziffern der Jahreszahl) alten und neuen Stils. Im rechten Teil der Tabelle befinden sich die Zehner- und Einerjahre, d. h. die letzten zwei Ziffern der Jahreszahl. Die Jahrhunderte des alten Stils dienen gleichzeitig als Monatstage. Es ist offensichtlich, daß die Nummern des Jahrhunderts neuen Stils beliebig nach vorn oder hinten fortgesetzt werden können, indem sie für den neuen Stil um 4, aber für den alten Stil um 7 geändert werden. Die Besonderheit dieses Kalenders besteht darin, daß auf der Rückseite des Läufers die Anzahl der Arbeitstage im Gemein- und Schaltjahr angegeben ist, die zwischen 307 und 311 schwankt. Dabei befindet sich die erste Zeile auf der Läuferrückseite auf gleicher Höhe mit der Zeile 2, 9, 16, 23, 30, ..., 18, 22 der Läufervorderseite.

Bei der Benutzung des Kalenders müssen die ersten zwei Ziffern der Jahreszahl durch Verschieben des Läufers mit der Zeile der zwei letzten Ziffern der Jahreszahl in Übereinstimmung gebracht werden. Die dabei eingestellten Monatstage bilden zusammen mit der Wochentagsspalte des gesuchten Monats den Kalender für diesen Monat.

Kalender-Federhalter von S. P. Tupjakow, 1966. Dieser originelle Kalender (Abb. 21) ist für 100 Jahre alten und neuen Stils anwendbar. Auf der Hülle eines gewöhnlichen Federhalters oder Fieberthermometers sind die Monatstage eingezeichnet, auf dem

Tabelle 3. Schiebekalender von S. P. Tupjakow

Oberer Läufer A

Jahrhunderte	Monate
alten Stils	
00 01 02 03 04 05 06 07 08 09 10 11 12 13 14 15 16 17 18 19	
neuen Stils	
15 16	
17 18 19 20	
21 22 23 24	
25 26 27 28	ɔr.) Febr. Sept. (Jan.)
29 30 31 32	März Juni April
33 34 35 36	…g. Nov. Dez. Juli
37 38 39 40	

Starres Teil

Jahre	Tage						
	Mo	Di	Mi	Do	Fr	Sa	So
00 01	Unterer Läufer B						
02 03 — 04 05 06 07							
— 08 09 10 11 — 12							
13 14 15 — 16 17 18						1	2
19 — 20 21 22 23 —	3	4	5	6	7	8	9
24 25 26 27 — 28 29	10	11	12	13	14	15	16
30 31 — 32 33 34 35	17	18	19	20	21	22	23
— 36 37 38 39 — 40	24	25	26	27	28	29	30
41 42 43 — 44 45 46	31						
47 — 48 49 50 51 —							
52 53 54 55 — 56 57							
58 59 — 60 61 62 63							
— 64 65 66 67 — 68							
69 70 71 — 72 73 74							
75 — 76 77 78 79 —							
80 81 82 83 — 84 85							
86 87 — 88 89 90 91							
— 92 93 94 95 — 96							
97 98 99 — — — —							

Tabelle 4. Kalender von L. T. Sacharowski

Column groups: **Monate** (eight month-columns) | **Erste zwei Jahreszahlziffern** (Monatstage, alten Stils, neuen Stils) | **Zweite zwei Jahreszahlziffern** (eighteen columns).

X / I / III	XI / II	IV	V	VI	VII / (I)	VIII / (II)	IX / XII	Monatstage	alten Stils	neuen Stils																		
Do	So	Mi	Fr	Mo	Mi	Sa	Di	1 8 15 22 29			62		73	79	84	90		00	06		17	23	28	34		45	51	56
Fr	Mo	Do	Sa	Di	Do	So	Mi	2 9 16 23 30	18	22	63	68	74		85	91	96	01	07	12	18		29	35	40	46		57
Sa	Di	Fr	So	Mi	Fr	Mo	Do	3 10 17 24 31	↑			69	75	80	86		97	02		13	19	24	30		41	47	52	58
So	Mi	Sa	Mo	Do	Sa	Di	Fr	4 11 18 25	↓ 15	19	64	70		81	87	92	98	03	08	14		25	31	36	42		53	59
Mo	Do	So	Di	Fr	So	Mi	Sa	5 12 19 26	16	20	65	71	76	82		93	99		09	15	20	26		37	43	48	54	
Di	Fr	Mo	Mi	Sa	Mo	Do	So	6 13 20 27			66		77	83	88	94		04	10		21	27	32	38		49	55	60
Mi	Sa	Di	Do	So	Di	Fr	Mo	7 14 21 28	17	21	67	72	78		89	95		05	11	16	22		33	39	44	50		61

Läufer

308		309
307	↑	308
307		308
307		307
309	↓	310
310		311
Gemeinj.		Schaltj.

Rückseite des Läufers

59

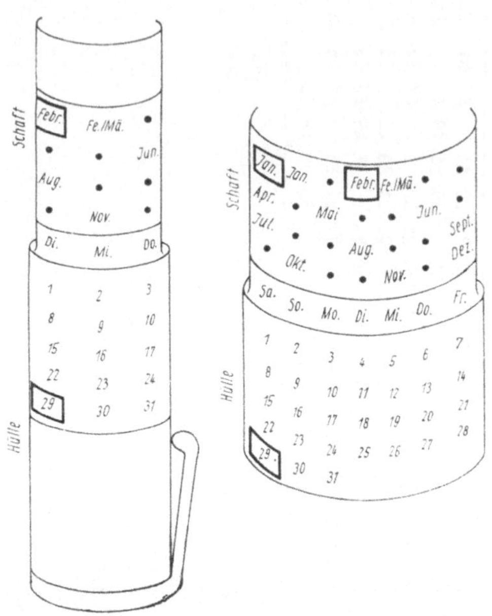

Abb. 21. Kalender-Federhalter von S. P. Tupjakow

Tabelle 5. Tabelle der Konstanten für 1900–1999

k	Jahre des Jahrhunderts
1	05 11 16 22 33 39 44 50 61 67 72 78 89 95
2	04 10 21 27 32 38 49 55 60 66 77 83 88 94
3	09 15 20 26 37 43 48 54 65 71 76 82 93 99
4	03 08 14 25 31 36 42 53 59 64 70 81 87 92 98
5	02 13 19 24 30 41 47 52 58 69 75 80 86 97
6	01 07 12 18 29 35 40 46 57 63 68 74 85 91 96
7	00 06 17 23 28 34 45 51 56 62 73 79 84 90

Schaft die Wochentage und Monatsbezeichnungen. Um den Kalender des entsprechenden Monats und Jahres zu erhalten, wird die Hülle so gedreht, daß die konstante Zahl des gegebenen Jahres (von 1 bis 7 in der obersten Zeile der Tageszahlen) unter die Bezeichnung des Monats zu stehen kommt. Für Schaltjahre

müssen die Monatszeichen „Jan." und „Febr." genommen werden. Für Jahre des alten Stils muß die konstante Zahl um 1 vergrößert werden. Die konstanten Jahreszahlen sind in Tab. 5
zusammengefaßt.

Beispiel: Es ist der Kalender für den Monat Oktober des Jahres
1917 alten Stils zu erhalten. Die konstante Zahl für das Jahr 1917
alten Stils ist $k = 7 + 1 = 8 \triangleq 1$. Nach Einstellen der „1" über
„Okt." (s. Abb. 21) findet man, daß z. B. der 25. Oktober 1917
ein Mittwoch war.

Die konstante Zahl k für das 20. Jahrhundert kann nach der
Formel

$$k = 7n - (N + [N/4])$$

berechnet werden, wobei n eine ganze Zahl ist und N die zwei
letzten Ziffern der Jahreszahl angibt. Das Symbol [ ] (eckige
Klammer) bezeichnet den ganzen Teil des Quotienten. So ist
z. B. für 1966

$$k = 7n - (66 + [66/4]) = 7n - 82 \equiv 2.$$

Kalendertabellen (starre)

Kurzfristige Tabellen

Tabelle von Ja. I. Perelman. Jeder Liebhaber von Kalendern
kann sich leicht eine ähnliche Tabelle für ein beliebiges Jahr
zusammenstellen. Dazu müssen aus dem Kalender des erforder-
lichen Jahres die laufenden Nummern der Wochentage eines
jeden Monatsersten des Jahres herausgeschrieben werden. Nun
müssen diese nur noch um 1 verringert werden, und die Tabelle
ist fertig.

Angenommen uns interessieren die Monatskennzahlen des Jahres 1960. Aus irgendeinem Kalender für das Jahr 1960 bestimmen wir, daß der 1. Januar ein Freitag (der fünfte Wochentag)
war, der 1. Februar ein Montag (der erste Wochentag), der
1. März ein Dienstag (der 2. Wochentag) usw. Nach Verringe-

Tabelle 6. Kalender aus «Книга вожатого на 1957 г.» (Autor unbekannt)

Tabellen-zahlen	Jahre des Jahrhunderts																	
1	00	06		17	23	28	34		45	51	56	62		73	79	84	90	
2	01	07	12	18		29	35	40	46		57	63	68	74		85	91	96
3	02		13	19	24	30		41	47	52	58		69	75	80	86		97
4	03	08	14		25	31	36	42		53	59	64	70		81	87	92	98
5		09	15	20	26		37	43	48	54		65	71	76	82		93	99
6	04	10		21	27	32	38		49	55	60	66		77	83	88	94	
7	05	11	16	22		33	39	44	50		61	67	72	78		89	95	00

Monate	Tabellenzahlen						
Januar (Gemeinjahr), Oktober	1	2	3	4	5	6	7
Januar (Schaltjahr), April, Juli	2	3	4	5	6	7	1
September, Dezember	3	4	5	6	7	1	2
Juni	4	5	6	7	1	2	3
Februar (Gemeinjahr), März, November	5	6	7	1	2	3	4
Februar (Schaltjahr), August	6	7	1	2	3	4	5
Mai	7	1	2	3	4	5	6

Anzahl der Tage in den Monaten	Monatstage					Wochentage						
31 Tage – im Januar	1	8	15	22	29	Mo	Di	Mi	Do	Fr	Sa	So
März, Mai, Juli, August	2	9	16	23	30	Di	Mi	Do	Fr	Sa	So	Mo
Oktober und Dezember	3	10	17	24	31	Mi	Do	Fr	Sa	So	Mo	Di
30 Tage – im April	4	11	18	25		Do	Fr	Sa	So	Mo	Di	Mi
Juni, September und November	5	12	19	26		Fr	Sa	So	Mo	Di	Mi	Do
29 Tage – im Februar eines Schaltjahres	6	13	20	27		Sa	So	Mo	Di	Mi	Do	Fr
28 Tage – im Februar eines Gemeinjahres	7	14	21	28		So	Mo	Di	Mi	Do	Fr	Sa

rung dieser Zahlen um „1" erhalten wir die Monatskennzahlen für 1960:

I	II	III	IV	V	VI	VII	VIII	IX	X	XI	XII
4	0	1	4	6	2	4	0	3	5	1	3

(Der Sonntag wird als siebenter oder nullter Wochentag gezählt.)

Beispiel: Es ist der Wochentag des 17. Mai 1960 zu ermitteln. Zu diesem Zweck erfolgt die Summenbildung der Zahlen $17 + 6 = 23$ und $d = \{23/7\} = 2$, d. h. ein Dienstag. Das Symbol $\{\ \}$ (geschweifte Klammern) bezeichnet den nach der Division verbleibenden Rest.

Wenn man sich diese Tabelle aus 12 Zahlen für die entsprechenden Monate merken kann, so läßt sich nach einigem Training der Wochentag (in den Grenzen eines Jahres) schnell und leicht

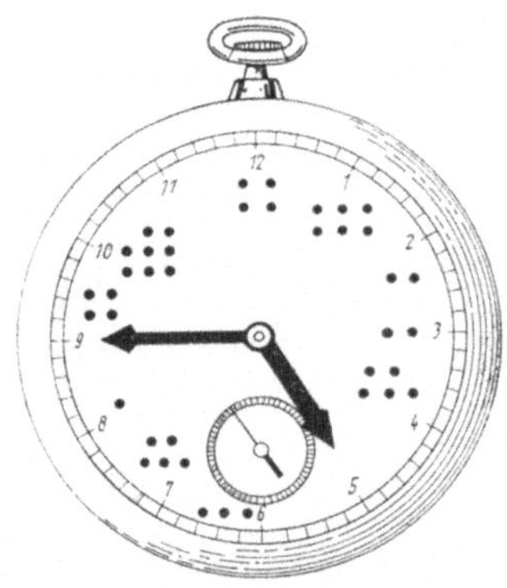

Abb. 22. Uhr mit Monatskennzahlen von Ja. I. Perelman (für 1961)

im Kopf errechnen. Perelman empfiehlt, diese Zahlen auf dem Zifferblatt von Armbanduhren (Abb. 22) einzugravieren. (Die Punkte stellen die Monatskennzahlen dar.)

Mittelfristige (hundertjährige) Tabellen

Tabellenkalender für das 20. Jahrhundert, 1954. Dieser Kalender ist für den neuen Stil zusammengestellt worden (Tab. 6).

Beispiel: Auf welchen Wochentag fiel der 22. Januar 1905 neuen Stils?

Dazu finden wir in der äußersten linken Spalte der Tabelle gegenüber der Jahreszeile 05 die Tabellenzahl 7. Diese Zahl wird in der Zeile „Januar Gemeinj." aufgesucht, und diese Spalte bis zu ihrem Schnittpunkt mit der Zeile 22 der Monatstage abwärtsgehend, finden wir den Sonntag als Ergebnis.

Langfristige Tabellen („ewige" Kalender)

Tabellen für Julianisches Datum von Scaliger, 1583. Eines der bequemsten Mittel zur Lösung von chronologischen Aufgaben (der Ermittlung des Wochentages aus dem Datum, der Bestimmung der Tage zwischen zwei Daten usw.) sind die Tabellen für Julianisches Datum.

Die fortlaufende Tageszählung in der Julianischen Periode mit Beginn am Mittag des 1. Januar des Jahres 4713 v. u. Z. wurde 1583 von dem französischen Historiker und Astronomen I. Scaliger (1540–1609) eingeführt.

Die Julianische Periode hat eine Dauer von 7980 Jahren und stellt das kleinste Vielfache der Zahlen 19 (Mondumläufe), 28 (Sonnenumläufe) und 15 („Indiktion" – Periode der Steuereinziehung in Rom) dar. Das Jahr 4713 v. u. Z. war das erste in allen diesen drei Perioden. Scaliger nannte diese Periode Julianische, weil in ihr Julianische Jahre angewandt werden. W. Rossowskaja [30] aber schreibt, daß er sie zu Ehren seines Vaters so benannte.

Die Tabellen für Julianisches Datum für jedes Jahr werden im „Astronomischen Jahrbuch der UdSSR" und für größere Perioden im „Astronomischen Kalender der WAGO" veröffentlicht.

In den Tab. 7–9 sind die Tabellen von A. W. Butkewitsch [9] für die Berechnung des Julianischen Datums in den Grenzen von —2000 bis 2000 u. Z. angeführt.

Das Julianische Datum N wird nach ihnen mit der Formel

$$N = D_1 + D_2 + D_3 + n$$

errechnet, wobei D_1, D_2 und D_3 die aus den drei Tabellen für die Jahrhunderte, Jahre und Monate gewählten Zahlen sind und n der Monatstag ist.

Tabelle 7–9. Tabellen für Julianisches Datum von Butkewitsch

Tabelle 7. Werte D_1 (für Jahrhunderte)

Jahr	Jul. Stil	Jahr	Jul. Stil
0	1 721 057	—1000	1 355 807
— 100	1 684 532	—1100	1 319 282
— 200	1 648 007	—1200	1 282 757
— 300	1 611 482	—1300	1 246 232
— 400	1 574 957	—1400	1 209 707
— 500	1 538 432	—1500	1 173 182
— 600	1 501 907	—1600	1 136 657
— 700	1 465 382	—1700	1 100 132
— 800	1 428 857	—1800	1 063 607
— 900	1 392 332	—1900	1 027 082
—1000	1 355 807	—2000	990 557

Jahr	Jul. Stil	Greg. Stil	Jahr	Jul. Stil	Greg. Stil
0*	1 721 057	1 721 059	1000	2 086 307	2 086 301
100	1 757 582	1 757 583	1100	2 122 832	2 122 825
200	1 794 107	1 794 107	1200*	2 159 357	2 159 350
300	1 830 632	1 830 631	1300	2 195 882	2 195 874
400*	1 867 157	1 867 156	1400	2 232 407	2 232 398
500	1 903 682	1 903 680	1500	2 268 932	2 268 922
600	1 940 207	1 940 204	1600*	2 305 457	2 305 447
700	1 976 732	1 976 728	1700	2 341 982	2 341 971
800*	2 013 257	2 013 253	1800	2 378 507	3 378 495
900	2 049 782	2 049 777	1900	2 415 032	2 415 019
1000	2 086 307	2 086 301	2000*	2 451 557	2 451 544

Bemerkung: Die Korrekturwerte ΔD_1 sind:

für 100 Jahre 36 525 Tage, für 400 Jahre 146 100 Tage,
für 1000 Jahre 365 250 Tage, für 2000 Jahre 730 500 Tage.

Tabelle 8. Werte D_2 (*für den Beginn der Jahrhunderte*)

Jahr	D_2	Jahr	D_2	Jahr	D_2	Jahr	D_2	Jahr	D_2
00*	0 (0)	20*	7305 (5)	40*	14610 (0)	60*	21915 (5)	80*	29220 (0)
01	366 (5)	21	7631 (0)	41	14976 (5)	61	21281 (0)	81	29586 (5)
02	731 (0)	22	8036 (5)	42	15341 (0)	62	22646 (5)	82	29951 (0)
03	1096 (5)	23	8401 (0)	43	15706 (5)	63	23011 (0)	83	30316 (5)
04*	1461 (1)	24*	8766 (6)	44*	16071 (1)	64*	23376 (6)	84*	30681 (1)
05	1827 (6)	25	9132 (1)	45	16437 (6)	65	23342 (1)	85	31047 (6)
06	2192 (1)	26	9497 (6)	46	16802 (1)	66	24107 (6)	86	31412 (1)
07	2557 (6)	27	9862 (1)	47	17167 (6)	67	24472 (1)	87	31777 (6)
08*	2922 (2)	28*	10227 (7)	48*	17532 (2)	68*	24837 (7)	88*	32142 (2)
09	3288 (7)	29	10593 (2)	49	17898 (7)	69	25203 (2)	89	32508 (7)
10	3653 (2)	30	10958 (7)	50	18263 (2)	70	25568 (7)	90	32873 (2)
11	4018 (7)	31	11323 (2)	51	18628 (7)	71	25933 (2)	91	33238 (7)
12*	4383 (3)	32*	11688 (8)	52*	18993 (3)	72*	26298 (8)	92*	33603 (3)
13	4749 (8)	33	12054 (3)	53	19359 (8)	73	26664 (3)	93	33969 (8)
14	5114 (3)	34	12419 (8)	54	19724 (3)	74	27029 (8)	94	34334 (3)
15	5479 (8)	35	12784 (3)	55	20089 (8)	75	27394 (3)	95	34699 (8)
16*	5844 (4)	36*	13149 (9)	56*	20454 (4)	76*	27759 (9)	96*	35064 (4)
17	6210 (9)	37	13515 (4)	57	20820 (9)	77	28125 (4)	97	35430 (9)
18	6575 (4)	38	13880 (9)	58	21185 (4)	78	28490 (9)	98	35795 (4)
19	6940 (9)	39	14245 (4)	59	21550 (9)	79	28855 (4)	99	36160 (9)

Tabelle 9. Werte D_3 (*für Monate*)

Datum	0 I	0 II	0 III	0 IV	0 V	0 VI	0 VII	0 VIII	0 IX	0 X	0 XI	0 XII
Gemeinjahr	0	31	59	90	120	151	181	212	243	273	304	334
Schaltjahr	0	31	60	91	121	152	182	213	244	274	305	335

Bemerkungen zu den Tabellen

1. Die Zählung der negativen Jahre erfolgt im astronomischen Sinne, z. B. 1400 v. u. Z. = −1399.
2. In der Tabelle D_2 sind mit (*) die Schaltjahre bezeichnet; in den Klammern sind die Werte D_2 für die negativen Jahre angegeben.
3. Für den Januar und Februar von Jahrhundertjahren neuen Stils, die Gemeinjahre sind (z. B. 1700, 1800, 1900), muß der Wert D_3 um 1 vergrößert werden.
4. Für negative Jahre müssen der Wert D_2 und der Korrekturwert ΔD_1 subtrahiert werden. Der Korrekturwert wird eingeführt, wenn das jeweilige Jahr über die Tabellengrenzen hinausgeht.
5. Negative Schaltjahre haben die Zahl ($4n$) und sind mit (*) gekennzeichnet.

Beispiel 1: Es ist das Julianische Datum N für den Beginn der Ära Kaliyuga: 18. Februar 3102 v. u. Z. (−3101!) neuen Stils zu ermitteln (Gemeinjahr). In diesem Fall ist:

(für 2000 Jahre) D_1 — 990 557
(für 1000 Jahre) ΔD_1 — 365 250
(für   100 Jahre) ΔD_1 —   36 525
(für   1 Jahr) D_2 —   365
(für den 18. 2. eines Gemeinjahres) $n + 49$
$N = 588\,466$.

Beispiel 2: Es ist die Dauer eines synodischen Monats unter Benutzung der Angaben über zwei Mondfinsternisse (nach Greenwicher Zeit) zu bestimmen.
Nach den Tabellen von Regiomontanus: $T_1 = 12^h\,52^m$ des 1. März 1504 alten Stils (die sog. „Kolumbusfinsternis").
Nach dem „Astronomischen Jahrbuch": $T_2 = 14^h\,28^m$ des 7. November 1957 neuen Stils.
Mit Hilfe der Tabelle des Julianischen Datums finden wir

$$N_1 \quad 2\,270\,454,04$$
$$N_2 \quad 2\,436\,150,10$$
Differenz ΔN 165 696,06.

Um die Anzahl der zwischen diesen beiden Daten vergangenen Mondmonate zu ermitteln, teilt man ΔN durch die angenäherte Länge eines synodischen Monats $m_0 = 29{,}53$ Tage, und man findet $K = 5611$. Man teilt nun ΔN durch K und erhält $m = 29{,}53056$ Tage mit einem Fehler von $-0{,}00003$ Tagen oder

2,5 Sekunden. (Die genaue Monatslänge beträgt 29,53059 Tage.)
Ein solcher Fehler ist zulässig, wenn man die Unvollkommenheit
der Tabellen von Regiomontanus, die Kompliziertheit und Un-
gleichmäßigkeit der Mondbewegung und die zunehmende Ver-
langsamung von Mond und Erde berücksichtigt. Diese Berechnungen bestätigen indirekt die Erzählung über die „Kolumbusfinsternis". Kolumbus beobachtete diese Finsternis am 1. März

Tabelle 10–14. Tabellen von Gochman

Tabelle 10

Monate												Rest
I	II	III	IV	V	VI	VII	VIII	IX	X	XI	XII	
6	2	2	5	0	3	5	1	4	6	2	4	1
0	3	3	6	1	4	6	2	5	0	3	5	2
1	4	4	0	2	5	0	3	6	1	4	6	3
2	5	6	2	4	0	2	5	1	3	6	1	4
4	0	0	3	5	1	3	6	2	4	0	2	5
5	1	1	4	6	2	4	0	3	5	1	3	6
6	2	2	5	0	3	5	1	4	6	2	4	7
0	3	4	0	2	5	0	3	6	1	4	6	8
2	5	5	1	3	6	1	4	0	2	5	0	9
3	6	6	2	4	0	2	5	1	3	6	1	10
4	0	0	3	5	1	3	6	2	4	0	2	11
5	1	2	5	0	3	5	1	4	6	2	4	12
0	3	3	6	1	4	6	2	5	0	3	5	13
1	4	4	0	2	5	0	3	6	1	4	6	14
2	5	5	1	3	6	1	4	0	2	5	0	15
3	6	0	3	5	1	3	6	2	4	0	2	16
5	1	1	4	6	2	4	0	3	5	1	3	17
6	2	2	5	0	3	5	1	4	6	2	4	18
0	3	3	6	1	4	6	2	5	0	3	5	19
1	4	5	1	3	6	1	4	0	2	5	0	20
3	6	6	2	4	0	2	5	1	3	6	1	21
4	0	0	3	5	1	3	6	2	4	0	2	22
5	1	1	4	6	2	4	0	3	5	1	3	23
6	2	3	6	1	4	6	2	5	0	3	5	24
1	4	4	0	2	5	0	3	6	1	4	6	25
2	5	5	1	3	6	1	4	0	2	5	0	26
3	6	6	2	4	0	2	5	1	3	6	1	27
4	0	1	4	6	2	4	0	3	5	1	3	28 (0)

1504 um 6 Uhr abends oder um $11^h 10^m$ nach Greenwicher Zeit auf der Insel Jamaika (westliche Länge 77,5° $\triangleq$ $5^h 10^m$). Der Fehler der Tabellen von Regiomontanus ergibt sich zu etwa 2 Stunden.
Tabellen von Ch. Gochman, 1880. Sie haben für den alten und neuen Stil unbegrenzte Gültigkeit [12]. Der gesamte Komplex besteht aus fünf Tabellen (Tab. 10–14).

Tabelle 11. Ermittlung der Reste

Reste			
große		kleine	
700	28	280	532
1400	56	308	560
2100	84	336	588
2800	112	364	616
	140	392	644
	168	420	672
	196	448	
	224	476	
	252	504	

Tabelle 12. Für den alten Stil

Erhaltene Summe						Wochentag
1	8	15	22	29	36	So
2	9	16	23	30	37	Mo
3	10	17	24	31		Di
4	11	18	25	32		Mi
5	12	19	26	33		Do
6	13	20	27	34		Fr
7	14	21	28	35		Sa

Tabelle 13. Für den neuen Stil

Erhaltene Summe							Wochentag
1	8	15	22	29	36	43	Di
2	9	16	23	30	37		Mi
3	10	17	24	31	38		Do
4	11	18	25	32	39		Fr
5	12	19	26	33	40		Sa
6	13	20	27	34	41		So
7	14	21	28	35	42		Mo

Jahrhunderte (laufende)

7	8, 9	10	11	12, 13	14	15
16, 17	18	19	20, 21	22	23	24, 25
26	27	28, 29	30	31	32, 33	34
35	36, 37	38	39	40, 41	42	43
44, 45	46	47	48, 49	50	51	52

Berichtigungszahlen

2	1	0	6	5	4	3

Beispiel: Es ist der Wochentag des 12. Oktober 1492 alten Stils (Entdeckung Amerikas) zu bestimmen.

Aus Tab. 11 finden wir den ersten Rest $\{1492/1400\} = 92$ und danach den zweiten $\{92/84\} = 8$.

In Tab. 10 (in der Spalte Oktober) finden wir in der Zeile für den Rest 8 die Zahl 1. Dem Monatstag wird nun die gefundene Zahl hinzugefügt: $1 + 12 = 13$. Anhand dieser Summe finden wir in Tab. 12 den gesuchten Wochentag als einen Freitag.

Das gleiche Beispiel kann man auch für den neuen Stil lösen. Unter Berücksichtigung der Differenz für das 15. Jahrhundert (gleich 9 Tage, Anlage 1) ergibt die Umrechnung auf den neuen Stil das Datum 21. Oktober. Der somit aus Tab. 10 erhaltenen Zahl 1 fügen wir den Monatstag zu: $1 + 21 = 22$. Dieser ermittelten Summe wird die Berichtigungszahl für den neuen Stil hinzugefügt, d. h. die Zahl 3, die dem 15. Jahrhundert entspricht (Tab. 14): $22 + 3 = 25$. Nach dieser Summe finden wir aus Tab. 13 den gesuchten Tag, einen – Freitag, was auch zu erwarten war, da der Wochentag nicht vom Stil abhängt.

Tabellen von E. Lucas, 1906. Diese Tabellen [50] sind für den alten und neuen Stil zusammengestellt worden, und ihre Gültigkeitsgrenzen betragen für den Julianischen Kalender 27 Jahrhunderte und für den Gregorianischen Kalender 19 Jahrhunderte (15.–34.). Der Komplex besteht aus fünf Tabellen (Tab. 15–19).

Beispiel: Es ist der Wochentag des 16. Juli 622 alten Stils (Tag der legendären Flucht Mohammeds aus Mekka nach Medina) zu bestimmen.

In Tab. 15 finden wir den Monatstag 16 und den ihm entsprechenden Wert $D = 2$, in Tab. 16 den Juli und die ihm entsprechende Zahl $M = 6$, in Tab. 17 nach der Anzahl der vollen Jahr-

hunderte die Zahl $J = 6$ und schließlich in Tab. 19 nach dem Jahr 22 die Zahl $A = 6$. Diese gefundenen Zahlen werden addiert:
$$D + M + J + A = 2 + 6 + 6 + 6 = 20.$$

Die ermittelte Summe wird durch 7 geteilt und der Rest $d = \{20/7\} = 6$ errechnet, womit sich entsprechend der festgelegten Numerierung der Wochentage der Freitag ergibt.
Diesem Ereignis zu Ehren ist der Freitag der Ruhetag der Muslime. Die Flucht ($=$ Hedschra) selbst ist auch Epoche der mohammedanischen Ära.

Tabelle 15–19. Tabellen von Lucas

Tabelle 15

Datum					D	Wochentag
1	8	15	22	29	1	So
2	9	16	23	30	2	Mo
3	10	17	24	31	3	Di
4	11	18	25		4	Mi
5	12	19	26		5	Do
6	13	20	27		6	Fr
7	14	21	28		1 (0)	Sa

Tabelle 16

Monate	M	Monate	M
März	3	September	5
April	6	Oktober	0
Mai	1	November	3
Juni	4	Dezember	5
Juli	6	Januar	1
August	2	Februar	4

Bemerkung: Für den Januar und Februar muß die Jahreszahl um 1 verringert werden.

Tabelle 17

Julianische Jahrhunderte (volle)				J	Julianische Jahrhunderte (volle)				J
0	7	14	21	5	4	11	18	25	1
1	8	15	22	4	5	12	19	26	0
2	9	16	23	3	6	13	20	27	6
3	10	17	24	2					

Tabelle 18

Gregorianische Jahrhunderte (volle)					G
15	19	23	27	31	1
16	20	24	28	32	0
17	21	25	29	33	5
18	22	26	30	34	3

Tabelle 19

Jahre				A	Jahre				A
00	28	56	84	0	14	42	70	98	3
01	29	57	85	1	15	43	71	99	4
02	30	58	86	2	16	44	72		6
03	31	59	87	3	17	45	73		0
04	32	60	88	5	18	46	74		1
05	33	61	89	6	19	47	75		2
06	34	62	90	0	20	48	76		4
07	35	63	91	1	21	49	77		5
08	36	64	92	3	22	50	78		6
09	37	65	93	4	23	51	79		0
10	38	66	94	5	24	52	80		2
11	39	67	95	6	25	53	81		3
12	40	68	96	1	26	54	82		4
13	41	69	97	2	27	55	83		5

Tabellen von G. Schubert, 1911, für den alten und neuen Stil [41]. Die Gültigkeitsgrenzen für den alten Stil betragen 20 Jahrhunderte und für den neuen Stil 11 Jahrhunderte (15. bis 26. Jh.). Der Komplex besteht aus zwei Tabellen (Tab. 20 und 21).

Beispiel: Es ist der Wochentag des 16. Juli 622 alten Stils zu bestimmen.

Zu diesem Zweck finden wir in Tab. 20 im Schnittpunkt der Zeile des 6. Jh. mit der Spalte des 22. Jahres den Buchstaben „c". In Tab. 21 wird in der Zeile „Juli" der Buchstabe „c" aufgesucht. Durch Verlängerung der Buchstabenspalte nach unten finden wir in ihrem Schnittpunkt mit der Zeile der Zahl 16 den Freitag als den gesuchten Wochentag.

„Kirchliche" Tabellen. Diese im Kalender von P. Soikin [37] im Jahre 1912 veröffentlichten Tabellen sind für den alten und neuen Stil anwendbar. Der Autor dieser Tabellen selbst ist un-

Tabelle 20 und 21. Tabellen von Schubert

Tabelle 20

Jahrhunderte alten Stils (volle)

0	7	14	c	d	e	f	g	a	b
1	8	15	b	c	d	e	f	g	a
2	9	16	a	b	c	d	e	f	g
3	10	17	g	a	b	c	d	e	f
4	11	18	f	g	a	b	c	d	e
5	12	19	e	f	g	a	b	c	d
6	13	20	d	e	f	g	a	b	c

Jahre im Jahrhundert

00	01	02	03	—	04	05
06	07	—	08	09	10	11
—	12	13	14	15	—	16
17	18	19	—	20	21	22
23	—	24	25	26	27	—
28	29	30	31	—	32	33
34	35	—	36	37	38	39
—	40	41	42	43	—	44
45	46	47	—	48	49	50
51	—	52	53	54	55	—
56	57	58	59	—	60	61
62	63	—	64	65	66	67
—	68	69	70	71	—	72
73	74	75	—	76	77	78
79	—	80	81	82	83	—
84	85	86	87	—	88	89
90	91	—	92	93	94	95
—	96	97	98	99	—	—

Jahrhunderte neuen Stils (volle)

26	22	18	a	b	c	d	e	f	g
25	21	17	c	d	e	f	g	a	b
24	20	16	e	f	g	a	b	c	d
23	19	15	f	g	a	b	c	d	e

Bemerkung: Die unterstrichenen Jahre sind Schaltjahre nach dem alten und neuen Stil.

Für	Januar	g	a	b	c	d	e	f
Schaltjahre	Februar	d	e	f	g	a	b	c
Für	Januar	f	g	a	b	c	d	e
Gemeinjahre	Februar	c	d	e	f	g	a	b
	März	c	d	e	f	g	a	b
	April	g	a	b	c	d	e	f
	Mai	e	f	g	a	b	c	d
	Juni	b	c	d	e	f	g	a
	Juli	g	a	b	c	d	e	f
	August	d	e	f	g	a	b	c
	September	a	b	c	d	e	f	g
	Oktober	f	g	a	b	c	d	e
	November	c	d	e	f	g	a	b
	Dezember	a	b	c	d	e	f	g

1	8	15	22	29	Mo	Di	Mi	Do	Fr	Sa	So
2	9	16	23	30	Di	Mi	Do	Fr	Sa	So	Mo
3	10	17	24	31	Mi	Do	Fr	Sa	So	Mo	Di
4	11	18	25		Do	Fr	Sa	So	Mo	Di	Mi
5	12	19	26		Fr	Sa	So	Mo	Di	Mi	Do
6	13	20	27		Sa	So	Mo	Di	Mi	Do	Fr
7	14	21	28		So	Mo	Di	Mi	Do	Fr	Sa

bekannt. Ihre Gültigkeitsgrenzen betragen für den alten Stil 21 Jahrhunderte und für den neuen Stil 13 Jahrhunderte (16. bis 29.). Der Komplex besteht aus zwei Tabellen (Tab. 22 und 23). *Beispiel:* Es ist der Wochentag des 26. Juni 1541 alten Stils zu bestimmen. In Tab. 22 finden wir als Schnittpunkt der Zeile mit der Zahl 16 (1541 zählt zum 16. Jh.) und der Spalte mit der Zahl 41 den Wochentag Samstag. Aus Tab. 23 wird ersichtlich, daß dafür im Juni vier Tage als Samstage in Betracht kommen: 4., 11., 18., und 25. Über eine elementare Rechnung wird nun ermittelt, daß der 26. Juni (alten Stils) ein Sonntag war.

Tabellen von W. Bogatyrjow, 1931. Diese im Jahre 1940 vorgelegten Tabellen [7, 43] sind sowohl für den alten als auch für den neuen Stil anwendbar, und die Grenzen ihrer Gültigkeit betragen für den alten Stil 20 Jahrhunderte (1–1999) und für den neuen Stil 8 Jahrhunderte (1501–2299) (Tab. 24).

Beispiel: Auf welchen Wochentag fiel der 6. April 1520 alten Stils (Todestag Raffaels)?

Tabelle 22 und 23. Tabellen aus dem „Kalender" von Sjikin

Tabelle 22

Jahrhunderte (laufende) alten Stils			Wochentage							Jahrhunderte (laufende) neuen Stils			
1	8	15	Sa	So	Mo	Di	Mi	Do	Fr	—	18	22	26
2	9	16	Fr	Sa	So	Mo	Di	Mi	Do	—	—	—	—
3	10	17	Do	Fr	Sa	So	Mo	Di	Mi	—	19	23	27
4	11	18	Mi	Do	Fr	Sa	So	Mo	Di	—	—	—	—
5	12	19	Di	Mi	Do	Fr	Sa	So	Mo	16	20	24	28
6	13	20	Mo	Di	Mi	Do	Fr	Sa	So	17	21	25	29
7	14	21	So	Mo	Di	Mi	Do	Fr	Sa	—	—	—	—

Jahre des Jahrhunderts

1	2	3	4	4	5	6
7	8	8	9	10	11	12
12	13	14	15	16	16	17
18	19	20	20	21	22	23
24	24	25	26	27	28	28
29	30	31	32	32	33	34
35	36	36	37	38	39	40
40	41	42	43	44	44	45
46	47	48	48	49	50	51
52	52	53	54	55	56	56
57	58	59	60	60	61	62
63	64	64	65	66	67	68
68	69	70	71	72	72	73
74	75	76	76	77	78	79
80	80	81	82	83	84	84
85	86	87	88	88	89	90
91	92	92	93	94	95	96
96	97	98	99	100	100	—

Bemerkung: Schaltjahre sind zweimal ausgedruckt. Fällt der betreffende Tag in einen Januar oder Februar, so muß die erste Zahl gewählt werden; fällt er jedoch in andere Monate eines Schaltjahres, so muß die zweite (unterstrichene Zahl) gewählt werden.

Januar Oktober	April Juli	Sept. Dez.	Juni	Februar März Nov.	August	Mai
1	2	3	4	5	6	7
8	9	10	11	12	13	14
15	16	17	18	19	20	21
22	23	24	25	26	27	28
29	30	31	—	—	—	—

Zur Lösung dieser Frage finden wir als Schnittpunkt der Zeile 15 der Jahrhunderte mit der Spalte 20 der Jahre den Buchstaben „F". In der Monatszeile „April" finden wir diesen Buchstaben wieder. Als Schnittpunkt dieser Spalte mit der Zeile 6 der Monatstage finden wir den gesuchten Wochentag als Freitag.

Aus den existierenden langfristigen Tabellen ist diese die bequemste. Als Beweis dient ihr öfteres Anführen in Beiträgen zum Kalenderwesen verschiedener Autoren [15, 35, 43].

Tabellen von L. T. Sacharowski. Die 1957 von Sacharowski vorgelegten Tabellen gelten sowohl für den alten als auch für den neuen Stil (Tab. 25) [34].

Beispiel 1: Es ist der Monatskalender für den Februar 1957 neuen Stils zu ermitteln.

Dazu wird folgendermaßen verfahren. Als Schnittpunkt der Einerjahreszeile 7 mit der Zehnerjahresspalte 5 ergibt sich Dienstag. In der Zeile 19. Jh. n. St. ist Di in Spalte 2 zu finden. Der Tag in der untersten Zeile ist der Schlüsseltag für den Monat. Für den Februar eines einfachen Jahres des 20. Jahrhunderts befindet sich der Dienstag in der siebenten Spalte. Folglich wird der Tabellenkalender für den Februar 1957 durch die Spalte 7 bestimmt, woraus hervorgeht, daß z. B. der 1. Februar 1957 ein Freitag war.

Beispiel 2: Es ist der Tabellenkalender für den Juli 622 alten Stils zu erhalten.

In diesem Falle ergibt sich als Schnittpunkt der Einerjahreszeile 2 mit der Zehnerjahresspalte 2 ein Sonntag. In der Jahrhundertzeile 6 alten Stils befindet sich der Sonntag in der Spalte 1, und in der untersten Zeile dieser Spalte befindet sich ein Freitag. In der Julizeile finden wir den Freitag in der Spalte 5, die auch gleichzeitig als der gesuchte Tabellenkalender dient. Nach ihm bestimmen wir, daß der 16. Juli 622 alten Stils — Epoche der mohammedanischen Zeitrechnung Hedschra — auf einen Freitag fiel.

Tabelle 24. *Tabellen von Bogatyrjow* (S Schaltjahr, G Gemeinjahr)

Jahre im Jahrhundert

00	01	02	03		04	05
06	07		08	09	10	11
	12	13	14	15		16
17	18	19		20	21	22
23		24	25	26	27	
28	29	30	31		32	33
34	35		36	37	38	39
	40	41	42	43		44
45	46	47		48	49	50
51		52	53	54	55	
56	57	58	59		60	61
62	63		64	65	66	67
	68	69	70	71		72
73	74	75		76	77	78
79		80	81	82	83	
84	85	86	87		88	89
90	91		92	93	94	95
	96	97	98	99		

Zahl der vollen (vergangenen) Jahrhunderte — **Monate**

neuen Stils	neuen Stils	alten Stils	alten Stils	alten Stils								Monate
		3	10	17	G	A	B	C	D	E	F	Januar (S)
					D	E	F	G	A	B	C	Februar (S)
15	19	4	11	18	F	G	A	B	C	D	E	Januar (G)
					C	D	E	F	G	A	B	Februar (G)
		0	7	14	C	D	E	F	G	A	B	März
					G	A	B	C	D	E	F	April
16	20	5	12	19	E	F	G	A	B	C	D	Mai
		1	8	15	B	C	D	E	F	G	A	Juni
					G	A	B	C	D	E	F	Juli
			6	13	D	E	F	G	A	B	C	August
		2	9	16	A	B	C	D	E	F	G	September
					F	G	A	B	C	D	E	Oktober
17	21				C	D	E	F	G	A	B	November
18	22				A	B	C	D	E	F	G	Dezember

Monatstage — **Wochentage**

1	8	15	22	29	Mo	Di	Mi	Do	Fr	Sa	So
2	9	16	23	30	Di	Mi	Do	Fr	Sa	So	Mo
3	10	17	24	31	Mi	Do	Fr	Sa	So	Mo	Di
4	11	18	25		Do	Fr	Sa	So	Mo	Di	Mi
5	12	19	26		Fr	Sa	So	Mo	Di	Mi	Do
6	13	20	27		Sa	So	Mo	Di	Mi	Do	Fr
7	14	21	28		So	Mo	Di	Mi	Do	Fr	Sa

Tabelle 25. Tabellen von Sacharowski

Einer-jahre		Monate	Wochentage							Jahrhunderte alten Stils und Monatstage					Jahr-hun-derte n. St.	Einer-jahre	
0		II, III, XI	Sa	Mi	So	Do	Mo	Fr	Di		5	12	19	26	20		5
1	6	VIII, (II)	So	Do	Mo	Fr	Di	Sa	Mi		6	13	20	27		0	6
	7	V	Mo	Fr	Di	Sa	Mi	So	Do		7	14	21	28	21	1	7
2	8	I, X	Di	Sa	Mi	So	Do	Mo	Fr	1	8	15	22	29		2	
3	9	IV, VII, (I)	Mi	So	Do	Mo	Fr	Di	Sa	2	9	16	23	30	18	3	8
4		IX, XII	Do	Mo	Fr	Di	Sa	Mi	So	3	10	17	24	31			9
5		VI	Fr	Di	Sa	Mi	So	Do	Mo	4	11	18	25		19	4	

1	3	5	7	9
0	2	4	6	8

Zehnerjahre

Jahre									Monate											
1701–1800					1801–1900				J	F	M	A	M	J	J	A	S	O	N	D
	05	33	61	89	01	29	57	85	4	0	0	3	5	1	3	6	2	4	0	2
	06	34	62	90	02	30	58	86	5	1	1	4	6	2	4	0	3	5	1	3
	07	35	63	91	03	31	59	87	6	2	2	5	0	3	5	1	4	6	2	4
	08	36	64	92	04	32	60	88	0	3	4	0	2	5	0	3	6	1	4	6
	09	37	65	93	05	33	61	89	2	5	5	1	3	6	1	4	0	2	5	0
	10	38	66	94	06	34	62	90	3	6	6	2	4	0	2	5	1	3	6	1
	11	39	67	95	07	35	63	91	4	0	0	3	5	1	3	6	2	4	0	2
	12	40	68	96	08	36	64	92	5	1	2	5	0	3	5	1	4	6	2	4
	13	41	69	97	09	37	65	93	0	3	3	6	1	4	6	2	5	0	3	5
	14	42	70	98	10	38	66	94	1	4	4	0	2	5	0	3	6	1	4	6
	15	43	71	99	11	39	67	95	2	5	5	1	3	6	1	4	0	2	5	0
	16	44	72		12	40	68	96	3	6	0	3	5	1	3	6	2	4	0	2
	17	45	73		13	41	69	97	5	1	1	4	6	2	4	0	3	5	1	3
	18	46	74		14	42	70	98	6	2	2	5	0	3	5	1	4	6	2	4
	19	47	75		15	43	71	99	0	3	3	6	1	4	6	2	5	0	3	5
	20	48	76		16	44	72		1	4	5	1	3	6	1	4	0	2	5	0
	21	49	77	00	17	45	73		3	6	6	2	4	0	2	5	1	3	6	1
	22	50	78		18	46	74		4	0	0	3	5	1	3	6	2	4	0	2
	23	51	79		19	47	75		5	1	1	4	6	2	4	0	3	5	1	3
	24	52	80		20	48	76		6	2	3	6	1	4	6	2	5	0	3	5
	25	53	81		21	49	77	00	1	4	4	0	2	5	0	3	6	1	4	6
	26	54	82		22	50	78		2	5	5	1	3	6	1	4	0	2	5	0
	27	55	83		23	51	79		3	6	6	2	4	0	2	5	1	3	6	1
	28	56	84		24	52	80		4	0	1	4	6	2	4	0	3	5	1	3
01	29	57	85		25	53	81		6	2	2	5	0	3	5	1	4	6	2	4
02	30	58	86		26	54	82		0	3	3	6	1	4	6	2	5	0	3	5
03	31	59	87		27	55	83		1	4	4	0	2	5	0	3	6	1	4	6
04	32	60	88		28	56	84		2	5	6	2	4	0	2	5	1	3	6	1

Wochentage							
	S	1	8	15	22	29	36
	M	2	9	16	23	30	37
	D	3	10	17	24	31	
	M	4	11	18	25	32	
	D	5	12	19	26	33	
	F	6	13	20	27	34	
	S	7	14	21	28	35	

Beispiel: Auf welchen Wochentag fiel der 13. August 1890? Lösung: Man gehe von der Jahrestafel aus und suche für das Jahr 1890 in der Monatstafel unter August die zugehörige Monatskennzahl (5), zuzüglich der Zahl des gesuchten Wochentages (13) ergibt die Schlüsselzahl (5 + 13 = 18), für die man in der Wochentagstafel den Mittwoch als den gesuchten Wochentag findet.

Eine gewisse Kompliziertheit der Rechnung wird durch die Einfachheit der Tabelle aufgehoben.

Taschenkalender-Tabellen. Viele Taschenkalender enthalten Tabellen für die Wochentagsbestimmung nach dem Gregorianischen Kalender. Diese sog. Dauerkalender sind zumeist für 200 Jahre (1801–2000) angelegt, in jüngster Zeit auch schon für 300 Jahre (1801–2100). In Tab. 26 und 27 sind je 200 Jahre angegeben (1701–1900 und 1901–2100). Damit liegen alle 400 Jahre vor, die sich im Gregorianischen Kalender zyklisch wiederholen.

Tabelle 27. Taschenkalender-Tabelle (1901–2100)

Jahre 1901–2000				Jahre 2001–2100					Monate J	F	M	A	M	J	J	A	S	O	N	D
	25	53	81		09	37	65	93	4	0	0	3	5	1	3	6	2	4	0	2
	26	54	82		10	38	66	94	5	1	1	4	6	2	4	0	3	5	1	3
	27	55	83		11	39	67	95	6	2	2	5	0	3	5	1	4	6	2	4
	28	56	84		12	40	68	96	0	3	4	0	2	5	0	3	6	1	4	6
01	29	57	85		13	41	69	97	2	5	5	1	3	6	1	4	0	2	5	0
02	30	58	86		14	42	70	98	3	6	6	2	4	0	2	5	1	3	6	1
03	31	59	87		15	43	71	99	4	0	0	3	5	1	3	6	2	4	0	2
04	32	60	88		16	44	72		5	1	2	5	0	3	5	1	4	6	2	4
05	33	61	89		17	45	73		0	3	3	6	1	4	6	2	5	0	3	5
06	34	62	90		18	46	74		1	4	4	0	2	5	0	3	6	1	4	6
07	35	63	91		19	47	75		2	5	5	1	3	6	1	4	0	2	5	0
08	36	64	92		20	48	76		3	6	0	3	5	1	3	6	2	4	0	2
09	37	65	93		21	49	77	00	5	1	1	4	6	2	4	0	3	5	1	3
10	38	66	94		22	50	78		6	2	2	5	0	3	5	1	4	6	2	4
11	39	67	95		23	51	79		0	3	3	6	1	4	6	2	5	0	3	5
12	40	68	96		24	52	80		1	4	5	1	3	6	1	4	0	2	5	0
13	41	69	97		25	53	81		3	6	6	2	4	0	2	5	1	3	6	1
14	42	70	98		26	54	82		4	0	0	3	5	1	3	6	2	4	0	2
15	43	71	99		27	55	83		5	1	1	4	6	2	4	0	3	5	1	3
16	44	72	00		28	56	84		6	2	3	6	1	4	6	2	5	0	3	5
17	45	73		01	29	57	85		1	4	4	0	2	5	0	3	6	1	4	6
18	46	74		02	30	58	86		2	5	5	1	3	6	1	4	0	2	5	0
19	47	75		03	31	59	87		3	6	6	2	4	0	2	5	1	3	6	1
20	48	76		04	32	60	88		4	0	1	4	6	2	4	0	3	5	1	3
21	49	77		05	33	61	89		6	2	2	5	0	3	5	1	4	6	2	4
22	50	78		06	34	62	90		0	3	3	6	1	4	6	2	5	0	3	5
23	51	79		07	35	63	91		1	4	4	0	2	5	0	3	6	1	4	6
24	52	80		08	36	64	92		2	5	6	2	4	0	2	5	1	3	6	1

Wochentage:

S	1	8	15	22	29	36
M	2	9	16	23	30	37
D	3	10	17	24	31	
M	4	11	18	25	32	
D	5	12	19	26	33	
F	6	13	20	27	34	
S	7	14	21	28	35	

Beispiel: Auf welchen Wochentag fällt der 13. August 2025? Lösung: Man gehe von der Jahrestafel aus und suche für das Jahr 2025 in der Monatstafel unter August die zugehörige Monatskennzahl (5), zuzüglich der Zahl des gesuchten Wochentages (13) ergibt die Schlüsselzahl (5 + 13 = 18), für die man in der Wochentagstafel den Mittwoch als den gesuchten Wochentag findet.

Tabelle von I. P. Konogorski. Diese im Jahre 1959 für den alten und neuen Stil vorgeschlagene Tabelle ist für 15–13 Jahrhunderte berechnet (Tab. 28).

Beispiel: Am 15. Dezember 1699 alten Stils unterzeichnete Peter der Große den Erlaß über die Änderung der russischen Kalenderära. (Gemäß diesem Erlaß begann man ab 1. Januar 1700 die Jahreszählung nicht mehr „seit Erschaffung der Welt" und nicht vom 1. September ab durchzuführen, sondern vom 1. Januar und von der „Geburt Christi", d. h. nach unserer

Tabelle 28.
Tabelle von Konogorski

Jahre und Wochentage

I	II	III	IV	V	VI	VII
1	2	3	—	4	5	6
7	—	8	9	10	11	—
12	13	14	15	—	16	17
18	19	—	20	21	22	23
—	24	25	26	27	—	28
29	30	31	—	32	33	34
35	—	36	37	38	39	—
40	41	42	43	—	44	45
46	47	—	48	49	50	51
—	52	53	54	55	—	56
57	58	59	—	60	61	62
63	—	64	65	66	67	—
68	69	70	71	—	72	73
74	75	—	76	77	78	79
—	80	81	82	83	—	84
85	86	87	—	88	89	90
91	—	92	93	94	95	—
96	97	98	99	—	00	—

Laufende Jahrhunderte

alten Stils	neuen Stils													Monatstage					Monate		
6	13	20	17	21	25	29	Mo	Di	Mi	Do	Fr	Sa	So	1	8	15	22	29	I		X
5	12	19	16	20	24	28	Di	Mi	Do	Fr	Sa	So	Mo	2	9	16	23	30		V	
4	11	18	II	V	VIII	XI	Mi	Do	Fr	Sa	So	Mo	Di	3	10	17	24	31	IIs		VIII
3	10	17	15	19	23	27	Do	Fr	Sa	So	Mo	Di	Mi	4	11	18	25		II	III	XI
2	9	16	III	VI	IX	XII	Fr	Sa	So	Mo	Di	Mi	Do	5	12	19	26			VI	
1	8	15	18	22	26	30	Sa	So	Mo	Di	Mi	Do	Fr	6	13	20	27		IX		XII
7	14	21	I	IV	VII	X	So	Mo	Di	Mi	Do	Fr	Sa	7	14	21	28		Is	IV	VII

Ära.) Auf welchen Wochentag fiel der 15. Dezember 1699 alten Stils?

Zunächst ergibt sich als Schnittpunkt der Zeile 17 der Jahrhunderte (1699 zählt zum 17. Jh.) mit der Spalte 99 der Jahre ein Sonntag, d. h. der 7. Wochentag, als erstes Zwischenergebnis. Weiter findet man als Schnittpunkt der Dezemberzeile (XII) und der Spalte „VII" der Wochentage den Freitag bzw. den 5. Wochentag als zweites Zwischenergebnis. Schließlich erhält man als Schnittpunkt der Zeile 15 mit der Spalte „V" wiederum den Freitag als endgültiges Ergebnis.

Durch Entfernen des Buchstabenteiles aus der Tabelle von Bogatyrjow und durch einen gewissen Umbau ihrer übrigen Teile gelang es Konogorski, eine neue Tabelle zu schaffen, die ihrem Umfang nach um 30% geringer ist als die von Bogatyrjow. Ihre Benutzung wird jedoch durch die Kompliziertheit etwas erschwert.

Ein Vorteil dieser Tabellen ist, daß man sich mit ihrer Hilfe in der Struktur des zu projektierenden „Weltkalenders" zurechtfindet. Die römischen Ziffern links unten sind die Monate und die in der ersten Spalte fettgedruckten Wochentage die Monatsersten des Weltkalenders. Die Spalten der 3., 5. und 7. Wochentage ergeben die fortlaufende Entwicklung dieser Monate nach den Tagen. All das verhilft zum besseren Verständnis und zur Beherrschung des Schemas des neuen Kalenders noch vor dessen Einführung. Aus diesem Grund kann man sagen, daß aus der Gruppe der Kalendertypen von Schubert, Bogatyrjow und Konogorski letzterer der beste ist.

Tabelle von L. T. Sacharowski. Diese Tabelle [34] wurde vom Autor 1959 für den alten und neuen Stil vorgeschlagen (Tab. 29).

Beispiel: Es ist der Wochentag des 9. Januar 1905 alten Stils zu ermitteln (Blutsonntag von Petersburg).

Mit Benutzung der Tabelle finden wir:

für das Jahrhundert (19. a. St.)	$K_1 =$	6
für die Zehnerjahre (00)	$K_2 =$	0
für die Einerjahre (5)	$K_3 =$	6
für den Monat (Januar)	$K_4 =$	0
Monatstag	$Q =$	9
Summe	$\Sigma =$	21

Der Rest $d = 0$ ergibt einen Sonntag.

Die Notwendigkeit kurzer Berechnungen wird durch die ansonsten bequeme Handhabung der Tabelle vollständig ausgeglichen.

Tabelle 29. Tabelle von Sacharowski

Jahrhunderte		Jahre				Monate	K
neuen Stils	alten Stils	Zehn.	Ein.	Zehn.	Ein.		
1500; 1900	1100; 1800	00	0; 6	90	0	Januar, Oktober	0
—	1000; 1700	40	1; 7	—	1; 6	Mai	1
1400; 1800	900; 1600	80	2	30	7	August (Februar)	2
—	1500; 2200	—	3; 8	70	2; 8	Februar, März, November	3
1700; 2100	1400; 2100	20	9	—	3; 9	Juni	4
—	1300; 2000	60	4	10	4	September, Dezember	5
1600; 2000	1200; 1900	—	5	50	5	April, Juli (Januar)	6

Bemerkung: Für Schaltjahre sind die Monate Januar und Februar in Klammern gesetzt.

Tabelle 30–34. Tabellen von Wagner

Tabelle 30

Wochentage	Monatstage				
Sonntag	1	8	15	22	29
Montag	2	9	16	23	30
Dienstag	3	10	17	24	31
Mittwoch	4	11	18	25	
Donnerstag	5	12	19	26	
Freitag	6	13	20	27	
Samstag	7	14	21	28	

Tabelle 31

Monate. Wert m						
I X	(I) IV VII	II III XI	(II) VIII	V	VI	IX XII
6	5	2	1	7	3	4
7	6	3	2	1	4	5
1	7	4	3	2	5	6
2	1	5	4	3	6	7
3	2	6	5	4	7	1
4	3	7	6	5	1	2
5	4	1	7	6	2	3

Tabelle 32

Jahrhunderte

a) Julianische

0	1	2	3	4	5	6
7	8	9	10	11	12	13
14	15	16	17	18	19	20
21	22	23	24	25	26	27

b) Gregorianische

—	—	—	—	15	16	—
17	—	18	—	19	20	—
21	—	22	—	23	24	—
25	—	26	—	27	28	—
29	—	30	—	31	32	—

Tabelle 33

Jahre im Jahrhundert																	
0	6	—	17	23	28	34	—	45	51	56	62	—	73	79	84	90	—
1	7	12	18	—	29	35	40	46	—	57	63	68	74	—	85	91	96
2	—	13	19	24	30	—	41	47	52	58	—	69	75	80	86	—	97
3	8	14	—	25	31	36	42	—	53	59	64	70	—	81	87	92	98
—	9	15	20	26	—	37	43	48	54	—	65	71	76	82	—	93	99
4	10	—	21	27	32	38	—	49	55	60	66	—	77	83	88	94	—
5	11	16	22	—	33	39	44	50	—	61	67	72	78	—	89	95	—

Tabelle 34

Wert n						
7	6	5	4	3	2	1
1	7	6	5	4	3	2
2	1	7	6	5	4	3
3	2	1	7	6	5	4
4	3	2	1	7	6	5
5	4	3	2	1	7	6
6	5	4	3	2	1	7

Tabellen von T. Wagner [47]. In der „Kleinen Enzyklopädie Natur" befindet sich ein Tabellenkalender für den alten und den neuen Stil. Dieser besteht wie auch viele andere aus fünf Tabellen (Tab. 30–34).

Beispiel: Auf welchen Wochentag fiel der 24. Mai 1543 alten Stils?

Unter Benutzung der Tab. 31 und 34 ermittelt man: $m = 2$; $n = 3$; $n + m = 5$. Aus Tab. 30 wird ersichtlich, daß der gesuchte Wochentag ein Donnerstag war.

Analytische „ewige" Kalender (Kalenderformeln)

Mathematische Formeln, die die Abhängigkeit zwischen den Hauptelementen des Julianischen oder Gregorianischen Kalenders ausdrücken (Jahrhundert, Jahr, Monat usw.), sind, allgemein gesagt, als Arbeitsmittel für Berechnungen weniger bequem als Tabellen. Sie werden jedoch, wie schon oben angeführt, für Kontrollzwecke genutzt und sind für längere Zeiträume anwendbar.

Außerdem sind Formeln in den Fällen zweckmäßig, wenn unabhängig von Tabellen und deren Grenzen gearbeitet werden muß. Des weiteren sind einzelne Formeln so einfach, daß sie sich leicht merken lassen, ständig zur Verfügung stehen und sogar den vollkommensten Tabellen hinsichtlich der bequemen Handhabung und in noch größerem Maße der Genauigkeit Konkurrenz machen können.

Ein weiterer wesentlicher Vorteil der Formeln sind noch die praktisch unbegrenzten Anwendungsperioden, da alle Formeln im Unterschied zu den Tabellen immerwährende (ewige) sind. Deshalb werden hierbei auch nicht die Anwendungsgrenzen genannt.

Gegenwärtig existieren bedeutend weniger analytische ewige Kalender als tabellarische.

An dieser Stelle sei eine Übersicht über die von verschiedenen Autoren in den letzten 100 Jahren ausgearbeiteten analytischen

Methoden gegeben, deren Ableitungen in der entsprechenden Literatur dargestellt sind.

Formel von Ch. Zeller. Der deutsche Mathematiker Zeller [53] schlug im Jahre 1877 zwei Formeln zur Bestimmung des Wochentages aus dem Datum vor; eine für den Julianischen Kalender (alter Stil):

$$D = Q + \left[\frac{(m+1)\,26}{10}\right] + J' + \left[\frac{J'}{4}\right] + 5 - C, \tag{1}$$

und eine für den Gregorianischen Kalender (neuer Stil):

$$D = Q + \left[\frac{(m+1)\,26}{10}\right] + J' + \left[\frac{J'}{4}\right] + \left[\frac{C}{4}\right] - 2C. \tag{2}$$

Das Symbol [ ] bedeutet, daß der ganzzahlige Teil des Quotienten genommen wird. Das Symbol { } bezeichnet den Divisionsrest. Es bedeutet weiterhin Q den Monatstag, m den Monat, (Januar und Februar sind als 13. bzw. 14. Monat des Vorjahres anzugeben), J' die Jahreszahl innerhalb eines Jahrhunderts, C die Zahl der vollen (vergangenen) Jahrhunderte und D ein Zwischenergebnis, das danach durch 7 geteilt wird. Der Divisionsrest ergibt die Nummer des Wochentags, d. h. $d = \{D/7\}$ gemäß der „vorauseilenden" Numerierung: 1 – So; 2 – Mo; 3 – Di; 4 – Mi; 5 – Do; 6 – Fr; 7 (0) – Sa.

Beispiele: 1. Es ist der Wochentag des 12. Oktober 1492 alten Stils zu ermitteln (Tag der Entdeckung Amerikas).

Nach Einsetzen der entsprechenden Werte in Formel (1) erhalten wir

$$D = 12 + \left[\frac{(10+1)\,26}{10}\right] + 92 + \left[\frac{92}{4}\right] + 5 - 14$$

$$= 12 + 28 + 92 + 23 + 5 - 14 = 146$$

$$d = \left\{\frac{146}{7}\right\} = 6,$$

d. h. einen Freitag als Ergebnis.

2. Die gleiche Aufgabe ist für den neuen Stil zu lösen.

In diesem Falle erhalten wir unter Berücksichtigung der in Tagen ausgedrückten Jahrhundertdifferenz zwischen dem alten und neuen Stil, der für das 15. Jahrhundert 9 Tage beträgt, das vorgegebene Datum als den 21. Oktober 1492 für den neuen Stil. Mit Anwendung der Formel (2) erhalten wir

$$D = 21 + \left[\frac{(10 + 1)\,26}{10}\right] + 92 + \left[\frac{92}{4}\right] + \left[\frac{14}{4}\right] - 2 \cdot 14$$

$$= 21 + 28 + 92 + 23 + 3 - 28 = 139;$$

$$d = \left\{\frac{139}{7}\right\} = 6,$$

d. h. wiederum Freitag.

Beide Formeln (1) und (2) sind infolge ihrer Gliederanzahl und Struktur etwas zu umfangreich und lassen sich nur schwer merken. Diesen Umstand kann man zusammen mit der unnatürlichen Numerierung der Wochentage als Mangel von Zeller betrachten.
Gleichzeitig jedoch sind die Zellerschen Formeln in der Beziehung vorteilhaft, daß sie nur relativ wenig Symbole – insgesamt 4 – enthalten und keine speziellen Monatskennzahlen aufweisen, die für die Mehrzahl der Kalenderformeln charakteristisch sind.
Formeln von A. Rydsewski. Die im Jahre 1900 von Rydsewski [31] vorgeschlagene Methode für den alten und neuen Stil ist ihrem Wesen nach eine analytische, obwohl der Autor in seinen Überlegungen kaum mathematische Hilfsmittel gebrauchte. Wenn man den Inhalt der Berechnungen mathematisch ausdrückt, ergeben sich folgende Formeln:

für den alten Stil

$$D = \left\{\frac{J' + \left[\frac{J'}{4}\right]}{7}\right\} + K + \left\{\frac{Q}{7}\right\} - \left\{\frac{C}{7}\right\}; \tag{3}$$

für den neuen Stil

$$D = \left\{\frac{J' + \left[\frac{J'}{4}\right]}{7}\right\} + \left\{\frac{2 + \left[\frac{C}{4}\right]}{7}\right\} + K + \left\{\frac{Q}{7}\right\} - 2\left\{\frac{C}{7}\right\}, \tag{4}$$

worin K eine Monatskennzahl ist.

Die Bezeichnung der übrigen Symbole (J', Q und C) ist die gleiche wie in den Zellerschen Formeln. Das Endergebnis für beide Formeln wird als $\{D/7\}$ nach der natürlichen Numerierung der Wochentage ermittelt. Nachfolgend sind die Werte der Monatskennzahlen K angeführt (in Klammern für Schaltjahre):

Monate	I	II	III	IV	V	VI	VII	VIII	IX	X	XI	XII
K	4 (3)	0 (6)	0	3	5	1	3	6	2	4	0	2

Beispiele: 1. Es ist der Wochentag des 28. August 1828 alten Stils zu bestimmen.
Nach Formel (3) ergibt sich

$$D = \left\{ \frac{28 + \left[\frac{28}{4}\right]}{7} \right\} + 6 + 0 - 4 = 0 + 6 + 0 - 4 = 2,$$

d. h. ein Dienstag.
2. Es ist der Wochentag des 7. Februar 1812 neuen Stils zu bestimmen.
Nach Formel (4) ergibt sich

$$D = \left\{ \frac{12 + \left[\frac{12}{4}\right]}{7} \right\} + \left\{ \frac{2 + \left[\frac{18}{4}\right]}{7} \right\} + 6 + \left\{ \frac{7}{7} \right\} - 2 \left\{ \frac{18}{7} \right\}$$
$$= 1 + 6 + 6 + 0 - 8 = 5,$$

also ein Freitag.
In den Fällen, wo das Zwischenergebnis negativ ist, muß ihm 7 hinzugezählt werden, z. B. $D = -4 + 7 = 3$, d. h. Mittwoch.
Formeln von G. Tarry. Der französische Astronom Tarry [52] schlug im Jahre 1907 mehrere Formeln und mnemonische Regeln für chronologische Berechnungen vor. Er verwendet folgende Bezeichnungen: G eine vom Jahrhundert im Gregorianischen Zyklus abhängende Zahl; J das gleiche für den Julianischen Zyklus; A eine vom Jahr im Jahrhundert abhängende Zahl; Q Divisionsrest von Monatstag t und 7 ($Q = \{t/7\}$); M Monatskennzahl; C Jahrhundert; n Jahr im Jahrhundert.
Die Formeln sind:

für den Gregorianischen Kalender

$$D = G + A + Q + M; \tag{5}$$

für den Julianischen Kalender

$$D = J + A + Q + M. \tag{6}$$

Dabei wird die „vorauseilende" Numerierung der Wochentage angewandt (Sonntag = 1 usw.).

Die Monatskennzahlen haben folgende Werte:

Januar 1;	Februar 4;	März 4;	$144 = 12^2$;
April 0;	Mai 2;	Juni 5;	$025 = 5^2$;
Juli 0;	August 3;	September 6;	$036 = 6^2$;
Oktober 1;	November 4;	Dezember 6;	$146 = 144 + 2$.

(Für den Januar und Februar von Schaltjahren muß die Zahl M um 1 verringert werden.)

Rechts davon stehen die mnemonischen Regeln zum Merken. Für die Berechnung der Größen G, J, A und M existieren Regeln und Formeln. So besitzt die Größe G die in Tab. 35 aufgezeichneten Werte.

Tabelle 35

Rest $\left\{\dfrac{C}{4}\right\}$	$G = 6 - 2\left\{\dfrac{C}{4}\right\}$	Jahrhundert		
0	6		1600	2000
1	4		1700	2100
2	2		1800	2200
3	0	1500	1900	

Die Größe J für den Julianischen Kalender wird nach Formel

$$J = 7 - (C + 3) \tag{7}$$

berechnet. Für $C = 14$ z. B. ist $J = -10 \equiv 4$, für $C = 15$ ist $J = -11 \equiv 3$. Die Umwandlung ist darauf zurückzuführen, daß das Ergebnis durch ein mehrfaches Hinzuzählen oder Abziehen von 7 auf eine Zahl kleiner als 7 gebracht wird.

Die Größe A wird nach der Formel

$$A = p + r + \left[\frac{r}{4}\right] \text{ mit } p = \left[\frac{n}{12}\right] \text{ und } r = \left\{\frac{n}{12}\right\} \tag{8}$$

bestimmt. So ist z. B. bei $n = 82$ $p = [82/12] = 6$; $r = \{82/12\} = 10$; $[r/4] = 2$. Daraus ergibt sich: $A = 6 + 10 + 2 = 18 \equiv 4$.

Die Größe M wird nach der Formel

$$M = 2m + 3 + \left[\frac{3\,(m + 1)}{5}\right] \tag{9}$$

errechnet, wobei m die Monatsnummer ist.

So ergibt sich z. B. für den Februar

$$M = 28 + 3 + \left[\frac{45}{5}\right] = 40 \equiv 5.$$

Bei der Benutzung der Formel (9) müssen Januar und Februar als 13. bzw. 14. Monat des vergangenen Jahres gezählt werden.

Beispiel: Es ist der Wochentag des 15. Oktober 1582 zu bestimmen (der erste Tag des neuen Stils).

Gemäß den oben angeführten Formeln wird ermittelt:

$$\left\{\frac{C}{4}\right\} = \left\{\frac{15}{4}\right\} = 3; \quad G = 0;$$

$$A = 6 + 10 + 2 \equiv 4.$$

Oktober: $M = 1$; $Q = \{15/7\} = 1$, Summe $\Sigma = 0 + 4 + 1 + 1 = 6$. Somit ergibt sich als Lösung ein Freitag.

Formel von J. I. Perelman. Im Jahre 1909 schlug Perelman [28] ein Verfahren zur Bestimmung der Wochentage für den neuen Stil vor. In einen mathematischen Ausdruck gebracht, ergeben seine Überlegungen folgende Formel:

$$D = J + \left[\frac{J}{4}\right] + \left[\frac{C}{4}\right] + R - C, \tag{10}$$

dabei ist J die vollständige Jahreszahl; C hat dieselbe Bedeutung wie oben; R ist die Anzahl der seit Jahresbeginn verflossenen Tage ausschließlich des gefragten Datums.

Das Endergebnis wird als $\{D/7\}$ bei üblicher Numerierung der Wochentage ermittelt.

Beispiel: Auf welchen Wochentag fiel der 2. September 1870 neuen Stils?

Unter Benutzung der Formel (10) findet man

$$R = 31 + 28 + 31 + 30 + 31 + 30 + 31 + 31 + 1 = 244;$$

$$D = 1870 + \left[\frac{1870}{4}\right] + \left[\frac{18}{4}\right] + 244 - 18 = 2567;$$

$$\left\{\frac{D}{7}\right\} = \left\{\frac{2567}{7}\right\} = 5,$$

d. h. einen Freitag.

Die hauptsächlichste Schwierigkeit der Formel besteht in der Bestimmung des Gliedes R, das getrennt durch Addition von zwei bis maximal zwölf Summanden errechnet werden muß. Außerdem muß man eine Regel für Januar und Februar von Schaltjahren im Gedächtnis bewahren: Statt R ist $R-1$ zu verwenden. Das bedeutet eine Verletzung der Einheitlichkeit, und die Kompliziertheit des Gliedes R verringert wesentlich den Wert der Formel von Perelman.

Formel von W. Jacobsthal. Der deutsche Professor Jacobsthal schlug im Jahre 1917 zwei Kalenderformeln für den alten und neuen Stil vor [49]. Seine zweite Formel lautet:

$$D = Q + K + J' + \left[\frac{J'}{4}\right] - 2\left\{\frac{C}{4}\right\}. \tag{11}$$

Die Bezeichnungen der Symbole sind die gleichen wie in den obigen Beispielen. Den Formeln fügte der Autor eine Tabelle von Monatskennzahlen bei (Schaltjahre in Klammern):

Monate	I	II	III	IV	V	VI	VII	VIII	IX	X	XI	XII
K	6 (5)	2 (1)	2	5	0	3	5	1	4	6	2	4

Beispiel: Auf welchen Wochentag fiel der 27. Januar 1756 neuen Stils?

Gemäß Formel (11) berechnet man

$$D = 27 + 5 + 56 + \left[\frac{56}{4}\right] - 2\left\{\frac{17}{4}\right\}$$

$$= 27 + 5 + 56 + 14 - 2 = 100;$$

$$d = \left\{\frac{100}{7}\right\} = 2,$$

d. h. ein Dienstag.

Die Formel von Jacobsthal ist für schnelle Berechnungen recht einfach und bequem. Ihr wesentlicher Vorteil ist der zweistellige Ausdruck der Jahreszahl, wodurch die Berechnung sehr erleichtert wird. Sie kann auch leicht im Gedächtnis behalten werden. Wenn dabei noch alle zwölf Kennzahlen bekannt sind (sie lassen sich ohne große Mühe auswendig lernen), so stellt diese Formel ein sicheres Arbeitsmittel für die rasche Bestimmung des Wochentages nach dem Datum im Kopf dar.

Formel von S. Emi, 1940. Das nur für den neuen Stil ausgearbeitete Verfahren von Emi [43] ist eigentlich ein analytisches, obwohl sich der Autor selbst auf allgemeine Überlegungen beschränkt. Dieses Verfahren kann „Methode der zwei Daten" genannt werden und besteht in folgendem.

Anhand zweier willkürlicher Daten, von denen der Wochentag des einen bekannt und der des anderen der gesuchte ist, wird die Anzahl der zwischen ihnen liegenden Tage berechnet. Danach wird die ganze Anzahl der Wochen ausgeklammert und nach dem verbliebenen Rest der Wochentag des zweiten Datums ermittelt.

Der Rechengang kann durch folgende Formel dargestellt werden:

$$D = (J - 1) + \left[\frac{J}{4}\right] + \left[\frac{C}{4}\right] + R - C. \tag{12}$$

Hierbei ist J die Jahreszahl des gesuchten Datums, C die Anzahl der vollen Jahrhunderte in der Jahreszahl, R die Anzahl der seit Jahresbeginn bis einschließlich des gesuchten Datums verflossenen Tage, D eine Hilfszahl, die danach durch 7 geteilt wird. Der Rest $d = \{D/7\}$ ergibt das Endergebnis entsprechend der natürlichen Numerierung der Wochentage, d. h. 1 – Mo, 2 – Di usw. In dieser Form jedoch ist die Formel (12) für die unmittelbare Bestimmung des Wochentages unbequem, weil die Berechnung der Anzahl der Tage von Jahresanfang bis zum vorgegebenen Datum, d. h. der Zahl R, recht umfangreich ist.

Deshalb schlug Emi ein Verfahren vor, das durch die Hilfsformel

$$R = Q + K \tag{13}$$

ausgedrückt werden soll, worin Q der Monatstag des Datums und K die Monatskennzahl des vorangegangenen Monats ist. Sie bedeutet nichts anderes als den Divisionsrest aller Tage von Jahresbeginn an bis einschließlich zum vorgegebenen Monat durch 7. Der nach Formel (13) erhaltene Wert R wird in die Hauptformel (12) eingesetzt, nach der auch der gesuchte Tag ermittelt wird.

Nachstehend seien die Werte der Kennzahl K angeführt:

Monate	I	II	III	IV	V	VI	VII	VIII	IX	X	XI	XII
K	3	3	6	1	4	6	2	5	0	3	5	—

Bemerkungen: 1. Die angeführten Werte K sind nur für Gemeinjahre und nicht für Schaltjahre anwendbar. 2. Die Kennzahl K für den Dezember wird nicht benötigt.

Beispiel: Es ist der Wochentag des 18. August 1927 neuen Stils zu bestimmen.

Zu Beginn wird nach Formel (13) der Wert

$$R = 18 + 2 = 20$$

berechnet (2 = Monatskennzahl für Juli). Nach Einsetzen des Wertes R in die Formel (12) findet man

$$D = 1926 + \left[\frac{1927}{4}\right] + \left[\frac{19}{4}\right] + 20 - 19 = 2412$$

und endgültig $d = \{D/7\} = \{2412/7\} = 4$, d. h. einen Donnerstag.

Wie ersichtlich wird, ist das Verfahren von Emi mit seiner „zweistufigen" Berechnung des Wochentages nach dem Datum sehr kompliziert und umfangreich. Aus diesem Grunde kann man mit Bestimmtheit sagen, daß diese Methode sowohl als Kontroll- als auch als Arbeitsberechnung nicht vorteilhaft ist.

Formel von M. S. Selikson. Die im Jahre 1947 von Selikson [14] vorgeschlagene Formel für den neuen Stil lautet

$$D = Q + K + J + \left[\frac{J}{4}\right] + \left[\frac{C}{4}\right] - C. \tag{14}$$

Hierbei sind die Bezeichnungen der Symbole K, J, C und D die gleichen wie in den vorhergehenden Formeln.

Das Endergebnis nach Formel (14) ist der Divisionsrest $d = \{D/7\}$ entsprechend der natürlichen Numerierung der Wochentage Mo – 1, Di – 2, Mi – 3 usw.

Die Werte der Monatskennzahlen lauten:

Monate	I	II	III	IV	V	VI	VII	VIII	IX	X	XI	XII
K	6 (5)	2 (1)	2	5	7	3	5	1	4	6	2	4

Beispiel: Es ist der Wochentag des 19. Juli 622 neuen Stils zu bestimmen. Nach Einsetzen der entsprechenden Werte in die Formel (14) erhält man

$$D = 19 + 5 + 622 + \left[\frac{622}{4}\right] + \left[\frac{6}{4}\right] - 6$$

$$= 646 + 155 + 1 - 6 = 796;$$

$$d = \left\{\frac{796}{7}\right\} = 5,$$

also einen Freitag.

Obwohl die Formel von Selikson aus sechs Gliedern besteht, ist sie in ihrem Aufbau einfach und leicht zu merken. Die Monatskennzahlen sind einstellige Zahlen und können ebenfalls

auswendig gelernt werden. Bequem ist die natürliche Numerierung der Wochentage. Die Formel (14) kann unabhängig von irgendwelchen Tabellen und mit geringem Zeit- und Gedächtnisaufwand für Berechnungen benutzt werden.
Formeln von S. Drosdow. Diese Formeln wurden vom Autor im Jahre 1954 [13] sowohl für den alten als auch für den neuen Stil vorgeschlagen.

Für den alten Stil:

$$D = J + \left[\frac{J-1}{4}\right] + 5 + t; \tag{15}$$

für den neuen Stil:

$$D = J + \left[\frac{J-1}{4}\right] - \left[\frac{J-1}{100}\right] + \left[\frac{J-1}{400}\right] + t. \tag{16}$$

Hierin ist J die volle Jahreszahl des vorgegebenen Datums, t die Summe der Tage von Jahresanfang bis zum gegebenen Monat und der Tage im gegebenen Monat. Die Summenzahl der Tage ist weiter unten angeführt, und D ist eine Zwischenzahl, die wie gewöhnlich zur Bestimmung des Wochentages nach dem Divisionsrest durch 7 geteilt wird. Die Numerierung der Wochentage ist eine „vorauseilende", d. h. So − 1, Mo − 2, Di − 3 usw.

Monate	I	II	III	IV	V	VI	VII	VIII	IX	X	XI	XII
Gemeinjahre	0	31	59	90	120	151	181	212	243	273	304	334
Schaltjahre	0	31	60	91	121	152	182	213	244	274	305	335

Beispiel: 1. Es ist der Wochentag des 6. April 1520 alten Stils zu bestimmen.
Zu diesem Zwecke erhält man nach Einsetzen der entsprechenden Werte in die Formel (15)

$$D = 1520 + \left[\frac{1520-1}{4}\right] + 5 + 91 + 6 = 2001$$

(für den April des Schaltjahres 1520 beträgt die Summenzahl 91); $d = \{2001/7\} = 6$, d. h. einen Freitag.
2. An welchem Wochentag wurde der erste sowjetische künstliche Erdtrabant gestartet (4. Oktober 1957 neuen Stils)?

Unter Benutzung der Formel (16) erhalten wir

$$D = 1957 + \left[\frac{1956}{4}\right] - \left[\frac{1956}{100}\right] + \left[\frac{1956}{400}\right] + 273 + 4 = 2708;$$

$$d = \left\{\frac{2708}{7}\right\} = 6,$$

also einen Freitag.

Die Formeln von Drosdow sind sehr einfach und lassen sich leicht merken (besonders die erste).

Diese Formeln wären für schnelle Berechnungen gut geeignet, wenn die Größe t, genauer gesagt ihr Teil, der in der Tabelle zusammengefaßt ist und gewissermaßen Monatskennzahlen darstellt, nicht so kompliziert wäre. Außerdem sind acht der zwölf Tabellenzahlen dreistellig, was ihr Merken nicht nur hoffnungslos macht, sondern auch jede Berechnung sehr kompliziert.

Formel von I. P. Konogorski. Im Jahre 1955 schlug Konogorski [21] für den neuen Stil eine Formel für die Bestimmung des Wochentages nach dem Kalenderdatum vor. Sie stellt gewissermaßen die vervollkommnete Formel von Selikson dar und lautet

$$D = Q + K + J' + \left[\frac{J'}{4}\right] + P, \tag{17}$$

wobei P eine Konstante für eine bestimmte Gruppe von Jahrhunderten ist; die übrigen Symbole (Q, K, J' und D) sind die gleichen wie in den anderen Formeln. Die Numerierung der Wochentage ist die übliche, d. h. Mo -1, Di -2, Mi -3 usw. Der Formel (17) ist eine Tabelle der Werte P (Tab. 36) und eine Tabelle der Monatskennzahlen (Tab. 37) beigefügt.

Bei der Untersuchung der Wochentage der Jahrhunderte des Gregorianischen Kalenders entdeckte Konogorski, daß die ersten Tage aller Jahrhunderte immer mit einem der folgenden vier (von 7 möglichen) Wochentage beginnen: Montag, Dienstag, Donnerstag und Samstag. Anders ausgedrückt, nicht ein Jahrhundert unserer Ära beginnt mit einem Mittwoch, Freitag oder Sonntag.

Wenn aber ein beliebiges Jahrhundert mit einem der vier genannten Wochentage beginnt, so ist offensichtlich, daß das vorhergehende Jahrhundert mit einem Wochentag endet, dessen Ordnungszahl um Eins niedriger liegt. Diese Besonderheit unseres Kalenders ermöglicht es, alle Jahrhunderte unserer Ära in vier Gruppen einzuteilen und jeder Gruppe eine konstante

Tabelle 36. Größe P

Gruppe der Jahrhunderte	Laufende Jahrhunderte								P	Wochentag des Jahrhundertanfangs
I	1	5	9	13	17	21	25	29 usw.	7 (0)	Montag
II	2	6	10	14	18	22	26	30 usw.	5	Samstag
III	3	7	11	15	19	23	27	31 usw.	3	Donnerstag
IV	4	8	12	16	20	24	28	32 usw.	1	Dienstag

Tabelle 37. Monatskennziffern[1])

Monat	I	II	III	IV	V	VI	VII	VIII	IX	X	XI	XII
K	6 (5)	2 (1)	2	5	7	3	5	1	4	6	2	4

Tabelle 38. Kennzahl C[1])

Monat	I	II	III	IV	V	VI	VII	VIII	IX	X	XI	XII
C	1 (0)	4 (3)	4	0	2	5	0	3	6	1	4	6

[1]) Werte für Januar und Februar von Schaltjahren in Klammern.

Zahl P zuzuordnen, deren Größe nichts anderes bedeutet als die Ordnungsnummer des Wochentages, mit dem das vorhergehende Jahrhundert endete.

Wenn z. B. in der Tabelle den Jahrhunderten ... 9, 13, 17 ... der Wert $P = 7$ (0) zugeordnet ist, so heißt das, daß der letzte Tag der Jahrhunderte ... 8, 12, 16, ... ein Sonntag war. Somit ist die Zahl P eine Größe, die ein beliebiges Jahrhundert hinsichtlich seiner Zugehörigkeit zu einer der obengenannten vier Gruppen charakterisiert. Da sich die Größe P innerhalb einer der Gruppen für die Jahrhunderte nicht ändert, kann diese Zahl als eine Art „Jahrhundertkoeffizient" oder, richtiger gesagt, als Korrekturwert für das Jahrhundert bezeichnet werden. Dieser Umstand ermöglichte es Konogorski, die Formel von Selikson wesentlich zu vereinfachen. Er änderte die drei- oder vierstellige Jahreszahl (J) in eine zweistellige (J') ab und strich gleichzeitig aus ihr die zwei Glieder $[C/4] - C$ und ersetzte sie durch das neue Einzelglied P.

Beispiel: Es ist der Wochentag der Einführung des Gregorianischen Kalenders in Westeuropa (15. Oktober 1582 neuen Stils) zu bestimmen.

Nach Einsetzen der entsprechenden Zahlenwerte der Symbole in die Formel (17) erhält man

$$D = 15 + 6 + 82 + \left[\frac{82}{4}\right] + 1 = 124.$$

(Das 16. Jh. gehört zur 4. Gruppe, und deshalb ist $P = 1$.) Durch die Rechnung $d = \{124/7\} = 5$ ergibt sich ein Freitag als Endergebnis.

Formel von G. Shewell. Neben einer Reihe anderer interessanter Formeln und Regeln für astronomische Berechnungen ohne jegliche Tabellen legte Shewell [51] auch folgende Formel für die Bestimmung des Wochentages für den neuen Stil vor:

$$\Sigma = A + B + C + D + E, \tag{18}$$

und $d = \{\Sigma/7\}$ (bei vorauseilender Numerierung der Wochentage). Hierbei sind A die beiden letzten Ziffern der Jahreszahl; $B = \{A/4\}$; C ist die Monatskennzahl (Tab. 38), D eine vom Jahrhundert abhängige Zahl und E der Monatstag.

Wie man leicht sieht, stimmt der Koeffizient C mit dem Koeffizienten M bei Tarry überein.

Hierzu schlug Shewell die mnemonische Regel "I can't make 'O no' equal 'O yes' unless I make errors" (Ich kann nicht „o nein" gleich „o ja" setzen, ohne Fehler zu machen) vor, in der

der Buchstabe O der Null und die Buchstabenzahl in den Worten dem Koeffizienten C entsprechen.

Nachstehend sind die Werte der Größe D angeführt:

Jahrhundert	1700	1800	1900	2000	2100	2200	2300	2400
D	4	2	0	6	4	2	0	6

usw.

Beispiel: Es ist der Wochentag des 14. September 1752 (Tag der Einführung des neuen Stils in England) zu bestimmen.

Nach Formel (18) ergibt sich

$$A = 52;\ B = 13;\ C = 6;\ D = 4;\ E = 14;$$

$$\Sigma = 89,\quad d = \left\{\frac{89}{7}\right\} = 5,$$

d. h. ein Donnerstag.

Formel von Filatow. Im Jahre 1964 schlug Filatow [39] eine „Jahresformel" vor:

$$D = d + e - 7\,(n - 1). \tag{19}$$

Es ist d der Monatstag, e eine monatliche Berichtigung, n die Nummer der Woche im Monat. Nachstehend sind die Werte der monatlichen Berichtigung für das Jahr 1964 angeführt:

Monat	I	II	III	IV	V	VI	VII	VIII	IX	X	XI	XII
Berichtigung e	2	5	6	2	4	0	2	5	1	3	6	1

Die Nummer der Woche kann leicht aus dem Ausdruck

$$n \geqq \frac{e + 4}{7} \tag{20}$$

ermittelt werden (mit Rundung nach der größeren Seite).

Die Monatskonstante ist gleich der Zahl der im Tabellenkalender nicht ausgedrückten Tage vom Montag bis zum Monatsersten.

Beispiel: Es ist das Datum des Montags der zweiten Augustwoche 1964 zu bestimmen.

Zunächst wird nach der Tabelle die Monatsberichtigung $e = 5$ ermittelt. Man erhält dann nach Formel (19)

$$d = D - e + 7\,(n - 1) = 1 - 5 + 7\,(2 - 1) = 3.$$

Leider muß die Tabelle der Monatsberichtigung für jedes Jahr neu zusammengestellt oder eine Wiederholungstabelle benutzt werden.

Formel von W. W. Sokolow. Diese Formel für den neuen Stil wurde 1966 vorgeschlagen:

$$D = \left\{ \frac{5a + 5b + 3c + d + e}{7} \right\}, \tag{21}$$

wobei

$$a = \left\{ \frac{C}{4} \right\}; \quad b = \left\{ \frac{N}{4} \right\}; \quad c = \left\{ \frac{N}{7} \right\}. \tag{22}$$

C ist die Zahl der Jahrhunderte, N die Zahl der Zehner und Einer der Jahreszahl, d der Monatstag, e die Monatsberichtigung, { } das Symbol des Divisionsrestes.

Es wird die übliche Numerierung der Wochentage benutzt; die Monate Januar und Februar gehören zum vergangenen Jahr. Nachstehend sind die Werte der Monatsberichtigungen e für die zwölf Monate des Jahres angeführt:

Monate	I	II	III	IV	V	VI	VII	VIII	IX	X	XI	XII
Berich- tigung e	0	3	2	5	0	3	5	1	4	6	2	4

Die Formel von Sokolow ist komplizierter als andere ähnliche Formeln (Selikson, Shewell u. a.), weil in ihr die Divisionsreste mit 5 und 3 multipliziert werden müssen. Sie zeichnet sich aber durch universelle Anwendbarkeit, Fehlen von zusätzlichen Regeln und noch dadurch aus, daß nur 2stellige Zahlen durch 4 und 7 zu teilen sind.

Beispiel: Es ist der Wochentag des 7. November 1917 zu bestimmen. Zunächst werden

$$a = \left\{ \frac{19}{4} \right\} = 3; \quad b = \left\{ \frac{17}{4} \right\} = 1; \quad c = \left\{ \frac{17}{7} \right\} = 3;$$
$$d = 7; \quad e = 2$$

berechnet. Nach Einsetzen dieser Werte in die Formel (21) findet man

$$D = \left\{ \frac{5 \cdot 3 + 5 \cdot 1 + 3 \cdot 3 + 7 + 2}{7} \right\} = \left\{ \frac{38}{7} \right\} = 3.$$

Folglich war der 7. November 1917 ein Mittwoch.

Anhang

1. Tabelle der Differenzen zwischen Julianischem und Gregorianischem Kalender

vom 1. 3.	bis 28. 2.	Differenz in Tagen	vom 1. 3.	bis 28. 2.	Differenz in Tagen
1	100	−2	1800	1900	12
100	200	−1	1900	2100	13
200	300	0	2100	2200	14
300	500	1	2200	2300	15
500	600	2	2300	2500	16
600	700	3	2500	2600	17
700	900	4	2600	2700	18
900	1000	5	2700	2900	19
1000	1100	6	2900	3000	20
1100	1300	7	3000	3100	21
1300	1400	8	3100	3300	22
1400	1500	9	3300	3400	23
1500	1700	10	3400	3500	24
1700	1800	11	3500	3700	25

2. Aufzählung einiger Ären [35]

1. 11542 v. u. Z. oder 11652 (3) v. u. Z.: Ära der Atlantis, d. h. Jahr des angenommenen Ansichreißens des Mondes durch die Erde und des Unterganges der legendären Atlantis.
2. 1. September 5508 v. u. Z.: byzantinische Ära von der „Erschaffung der Welt", von den Griechen im 7. Jh. angenommen. Wird von der orthodoxen Kirche angewendet.
3. 1. Januar 4713 v. u. Z.: Ära Scaliger (Julianische Periode). Eingeführt am Ende des 16. Jh. und angewendet bei astronomischen und chronologischen Berechnungen. Periode Scaliger 7980 Jahre.
4. 7. Oktober 3761 v. u. Z.: Jüdische Ära von der „Erschaffung der Welt".
5. 18. Februar 3102 v. u. Z.: Indische Ära Kaliyuga („Eisernes Zeitalter").
6. 2637 v. u. Z.: Chinesische zyklische Ära (erstes Jahr der Herrschaft des legendären Kaisers Hoangdi).
7. 2357 v. u. Z.: Beginn der chinesischen Zeitrechnung (Thronbesteigung des legendären Imperators Yau).

8. 950 v. u. Z.: Buddhistische Ära, die in China, Japan und der Mongolei angewendet wurde.

9. 1. Juli 776 v. u. Z.: Ära der ersten Olympischen Spiele. Vom Historiker Timaios um ungefähr 264 v. u. Z. eingeführt und bis 394 u. Z. angewendet.

10. 21. April 753 v. u. Z.: Ära der angenommenen Gründung Roms. Wurde von den europäischen Historikern bis zum Ende des 17. Jh. angewendet.

11. 26. Februar 747 v. u. Z.: Ära der Herrschaft des Nabonassar (reales Ereignis). Wurde in Babylon sowie in Alexandrien von Ptolemäus im 2. Jh. v. u. Z. angewendet.

12. 543 v. u. Z.: Indische Ära Nirwana vom angenommenen Datum des Todes des Buddhas Sakhyamuni.

13. 27. Juni 432 v. u. Z.: Metonische Ära, erster Tag des ersten Meton-Zyklus.

14. 1. Oktober 312 v. u. Z.: Ära der Seleukiden, die in Babylon, Syrien und Palästina mehr als tausend Jahre in Gebrauch war (nach dem Namen von Seleukos, dem Gründer der Kaiserdynastie in Syrien).

15. 1. Januar 1 u. Z.: Christliche Ära vom legendären Datum der Geburt Christi. Im Jahre 532 von Dionysius Exiguus vorgeschlagen und ab Mitte des 8. Jh. angewendet, heute als „unsere Ära" (u. Z.) bezeichnet.

16. 29. August 284 u. Z.: Ära des Diokletian (von der Herrschaft des römischen Imperators Diokletian). Wurde im alten Ägypten und im Osten des Römischen Reiches angewendet und im Koptischen und Abessinischen Kalender beibehalten.

17. 16. Juli 622 u. Z. alten Stils: Mohammedanische Ära von der Flucht (Hedschra) Mohammeds aus Mekka nach Medina. Wird im Iran, in Afghanistan usw. angewendet.

18. 15. März 1079 u. Z.: Persische Ära Dschelal-Edin, die von Omar Chayyam ausgearbeitet wurde.

19. 10. September 1550 u. Z.: Indische Ära Fasli. Wurde nur in offiziellen Dokumenten angewendet.

20. 22. September 1792 u. Z. neuen Stils: Ära der Französischen Bürgerlichen Revolution. Vom Konvent 1793 angenommen und bis zum 31. Dezember 1805 gültig.

21. 7. November 1917 u. Z. neuen Stils: Ära der Großen Sozialistischen Oktoberrevolution.

22. 4. Oktober 1957 u. Z. neuen Stils: Kosmische Ära (Start des ersten künstlichen Erdtrabanten in der UdSSR).

Literatur

[1] Абрамян, А. Г.: Труды древних календаристов в рукописях
Матенадарана. Тезисы докладов межвузовской конференции
по истории физико-математических наук 25 мая — 2 июня
1960 г. М., МГУ, 1960.
(Abramjan: Arbeiten alter Kalenderforscher in den Handschriften Mate-
nadarans)

[2] Агрест, М.: Космонавты древности. Альманах «На суше и на
море». М., Географгиз, 1961.
(Agrest: Kosmonauten des Altertums)

[3] Адливанкин, Б.: Многолетний календарь-книжка. М., Изд. об-ва
«Долой неграмотность», 1934.
(Adliwankin: Ein Buchkalender für viele Jahre)

[4] Баринов, В. А.: Время и его измерение. М., «Правда», 1949.
(Barinow: Die Zeit und ihre Messung)

[5] Берри, А.: Краткая история астрономии. М., ГТТИ, 1946.
(Berri: Kurze Geschichte der Astronomie)

[6] Бобырь, З.: Захваченная планета. «Наука и жизнь», 1962, № 12.
(Bobyr: Der gefangene Planet)

[7] Богатырев, В.: Таблица «Вечный календарь» в ст. З. Эми «Вечный календарь». «Техника молодежи», 1940, № 11.
(Bogatyrjow: Tabelle „Ewiger Kalender“)

[8] Буткевич, А. В.: Вечные календари. Свердловск, «Уральский
следопыт», 1960, № 4.
(Butkewitsch: Ewige Kalender)

[9] Буткевич, А. В., Ганьшин, В. Н., Хренов, Л. С.: Время и календарь. Под общей ред. проф. Л. С. Хренова. М., «Высшая шко-
ла», 1960.
(Butkewitsch, Ganschin u. Chrenow: Zeit und Kalender)

[10] Волков, И. Г.: Постоянный табель-календарь. «Земля и Вселен-
ная», 1965, № 5.
(Wolkow: Eine konstante Kalendertabelle)

[11] Горбовский, А.: Старые загадки истории и новые гипотезы.
«Наука и жизнь», 1963, № 4.
(Gorbowski: Alte Rätsel der Geschichte und neue Hypothesen)

[12] Гохман, Х.: Полный вечный календарь старого и нового стиля
Одесса, 1880.
(Gochman: Ein vollständiger ewiger Kalender für den alten und den
neuen Stil)

[13] Дроздов С.: Как по данному году, месяцу и числу найти день недели. Краткий астрономический календарь на 1955 г. Киев, 1954.
(Drosdow: Wie man zu Jahr, Monat und Datum den Wochentag findet)

[14] Зеликсон, М. С.: О формуле для определения дня недели по дате. «Физика в школе», 1947, № 3.
(Selikson: Über eine Formel für die Bestimmung des Wochentages zu einem Datum)

[15] Зеликович, Э.: Вечные календари. «Знание — сила», 1958, № 8. Золотые руки Афанасия Кочетова. «Известия», 1960, 15 июля.
(Selikowitsch: Ewige Kalender)

[16] Ивановский, М.: Вчера, сегодня, завтра. М., Детгиз, 1956.
(Iwanowski: Gestern, heute, morgen)

[17] Идельсон, Н. И.: История календаря. Л., 1925.
(Idelson: Geschichte des Kalenders)

[18] Казанцев, А.: Удивительное совпадение (фантастические мысли). «Комсомольская правда», 1961, 14 мая.
(Kasanzew: Eine erstaunliche Übereinstimmung. Phantastische Gedanken)

[19] Календарь-компас Федора Денисова. «Комсомольская правда», 1948, 12 сентября.
(Der Kompaßkalender des Fjodor Denisow)

[20] Ковешников, В.: Необычайная находка на дне моря. Новосибирск, «Молодость Сибири», 1959, 10 июня.
(Koweschnikow: Ein ungewöhnlicher Fund auf dem Meeresgrund)

[21] Коногорский, И. П.: Формула для определения дня недели любой календарной даты нашей эры. В сб. «Опыт проведения внеклассной работы по математике в средней школе». М., 1955.
(Konogorski: Eine Formel zur Ermittlung des Wochentages eines beliebigen Kalenderdatums u. Z.)

[22] Массаев, К.: Две находки — две тайны. «Наука и жизнь», 1965, № 6.
(Massajew: Zwei Funde – zwei Geheimnisse)

[23] Майстров, Л. Е.: Рунические календари. Историко-астрономические исследования, вып. 8. М., 1962.
(Maistrow: Runenkalender)

[24] Майстров, Л. Е., Просвиркина, С. К.: Народные деревянные календари. Историко-астрономические исследования, т. VI. М., 1960.
(Maistrow u. Proswirkina: Volkstümliche Holzkalender)

[25] Металлический календарь с подвижным диском на 28 лет. М.,
«Гудок», 1929.
(Metallkalender mit drehbarer Scheibe für 28 Jahre)

[26] Орлова, Е.: Стражи Гелиоса (народные календари). «Вечерний
Новосибирск», 1963, 25 апреля.
(Orlowa: Die Wachen des Helios. Volkstümliche Kalender)

[27] Перель, Ю. Г.: Календарь и проект его реформы. «Природа»,
1958, № 7.
(Perel: Der Kalender und das Projekt seiner Reform)

[28] Перельман, Я. И.: Как определить день недели? «Природа и
люди», 1909, № 22.
(Perelman: Wie ist der Wochentag zu bestimmen?)

[29] Реферативный журнал «Астрономия», 1953, № 3, 1097; 1954,
№ 3, 2429; 1957, № 3, 35; 1958, № 6, 3506; 1959, № 6, 4241; 1959,
№ 7, 5085; 1959, № 11, 8676; 1960, № 9, 8573; 1964, № 7, 511 и
7.51.8; 1964, № 8, 8.51.11; 1964, № 10, 10.51.5; 1965, № 7, 7.51.7.
(Referate-Journal „Astronomie")

[30] Россовская, В.: Календарная даль веков. М. — Л., 1936.
(Rossowskaja: Kalenderweite von Jahrhunderten)

[31] Рыдзевский, А.: Определение дня недели по календарной
дате. «Изв. русск. астрон. об-ва», вып. VIII. СПб., 1960, № 4—6.
(Rydsewski: Bestimmung des Wochentages für ein Kalenderdatum)

[32] Сахаровский, Л. Т.: Постоянный табель-календарь и календарь
лунных фаз (с вращающимся диском). Авт. свид. № 108179 по
классу 42, п. 12/06 от 5 августа 1957 г.
(Sacharowski: Konstantkalender und Mondphasenkalender mit Dreh-
scheibe)

[33] Сахаровский, Л. Т. (ред. Буткевич, А. В.): Вечный (постоянный)
календарь и указатель лунных фаз. Астрономический календарь ВАГО на 1960 г. М., 1959.
(Sacharowski: Ewiger Kalender und Mondphasenanzeiger)

[34] Сахаровский, Л. Т.: Таблица для определения дня недели.
«Бюлл. ВАГО», 1961, № 29/36.
(Sacharowski: Tabelle für die Bestimmung des Wochentages)

[35] *Seleschnikow, S. I.*: Wieviel Monde hat ein Jahr? Kleine Kalenderkunde.
Moskau und Leipzig 1981. (Aus dem Russ.)

[36] Справочник железнодорожника на 1958 г. Таблица-календарь
на 200 лет (И. Каменьщиков). М., Желдориздат, 1958.
(Handbuch des Eisenbahners für 1958, mit einem Kalender für 200 Jahre
von Kamenstschikow)

[37] Сойкин, П.: Всеобщий календарь на 1912 г. Вечный календарь (церковные таблицы). СПб., 1912.
(Soikin: Allgemeiner Kalender für 1912)

[38] Туманян, Б. Е.: Лунный указатель. Историко-астрономические исследования, т. VI. М., Физматгиз, 1960.
(Tumanjan: Mondanzeiger)

[39] Филатов, Н.: Формула года. «Наука и жизнь», 1964, № 1.
(Filatow: Eine Jahresformel)

[40] Шишаков, В. А.: О планах реформы календаря. Школьный астрономический календарь, в. XI на 1961 г.
(Schischakow: Über Pläne einer Kalenderreform)

[41] Шуберт, Г.: Математические развлечения и игры. Одесса, «Матезис», 1911.
(Schubert: Mathematische Amüsements und Spiele)

[42] Schur, J. I.: Große Reise durch die Zeit. Aus der Geschichte des Kalenders. Der Kinderbuchverlag Berlin 1960. (Aus dem Russ.)

[43] Эми, З.: Вечный календарь. «Техника молодежи», 1940, № 11.
(Emi: Ein ewiger Kalender)

[44] Achelis, E.: Of Time and the Calendar. New York 1955.

[45] Achelis, E.: The Calendar for the Modern Age. New York 1959.

[46] Burnaby, S. B.: The Jewish and Muhammadan Calendars. London 1901.

[47] Wagner, Th.: Ewiger Kalender, Kleine Enzyklopädie „Natur". Leipzig 1959.

[48] Grötzsch, H.: Sonnen- und Turmuhren. Dresden 1959.

[49] Jacobsthal, W.: Mondphasen, Osterrechnung und ewiger Kalender. Berlin 1917.

[50] Lucas, Ed.: Perpetuierlicher Julianischer und Gregorianischer Kalender. Chemiker-Kalender 1931.

[51] Shewell, H. A. L.: Mental Field Astronomy and other Matters. „Survey Review" XVII, Nr. 129 (July 1963).

[52] Tarry, G.: Un Calendrier perpétuel mental. Extr. du „Bulletin de la Société Philomathique de Paris", 1907.

[53] Zeller, Ch.: Kalenderformeln. „Acta Mathematica". Berlin, Nr. 9 (1886/7).

[54] Möller, H.: Zum „ewigen Kalender". Schülerzeitschrift „alpha" 13 (1979) H. 3, 3. Umschlagseite.

[55] Hamel, J.: Kalenderrechnung und Kalenderschriften in Vergangenheit und Gegenwart. Archenhold-Sternwarte Berlin–Treptow 1983.

[56] Grotefend, H.: Taschenbuch der Zeitrechnung des deutschen Mittelalters und der Neuzeit (5. Aufl., Hannover 1922). Transpress-Reprint, Berlin 1984.

Namen- und Sachverzeichnis

(A) Abbildung, (F) Formel, (T) Tabelle eines ewigen Kalenders

Die 14 Jahreskalender

(siehe Seiten 49–51 oder 3. Umschlagseite)

0...99 (1200 1600 2000)				100...199 (1300 1700 2100)				K
00	28	56	84		24	52	80	13
01	29	57	85		25	53	81	1
02	30	58	86		26	54	82	2
03	31	59	87		27	55	83	3
04	32	60	88		28	56	84	11
05	33	61	89	01	29	57	85	6
06	34	62	90	02	30	58	86	7
07	35	63	91	03	31	59	87	1
08	36	64	92	04	32	60	88	9
09	37	65	93	05	33	61	89	4
10	38	66	94	06	34	62	90	5
11	39	67	95	07	35	63	91	6
12	40	68	96	08	36	64	92	14
13	41	69	97	09	37	65	93	2
14	42	70	98	10	38	66	94	3
15	43	71	99	11	39	67	95	4
16	44	72		12	40	68	96	12
17	45	73		13	41	69	97	7
18	46	74		14	42	70	98	1
19	47	75		15	43	71	99	2
20	48	76		16	44	72		10
21	49	77		17	45	73		5
22	50	78		18	46	74		6
23	51	79		19	47	75		7
24	52	80		20	48	76		8
25	53	81		21	49	77		3
26	54	82		22	50	78		4
27	55	83		00	23	51	79	5

200...299 (1400 1800 2200)				300...399 (1500 1900 2300)				K
	20	48	76		16	44	72	13
	21	49	77		17	45	73	1
	22	50	78		18	46	74	2
00	23	51	79		19	47	75	3
	24	52	80		20	48	76	11
	25	53	81		21	49	77	6
	26	54	82		22	50	78	7
	27	55	83	00	23	51	79	1
	28	56	84		24	52	80	9
01	29	57	85		25	53	81	4
02	30	58	86		26	54	82	5
03	31	59	87		27	55	83	6
04	32	60	88		28	56	84	14
05	33	61	89	01	29	57	85	2
06	34	62	90	02	30	58	86	3
07	35	63	91	03	31	59	87	4
08	36	64	92	04	32	60	88	12
09	37	65	93	05	33	61	89	7
10	38	66	94	06	34	62	90	1
11	39	67	95	07	35	63	91	2
12	40	68	96	08	36	64	92	10
13	41	69	97	09	37	65	93	5
14	42	70	98	10	38	66	94	6
15	43	71	99	11	39	67	95	7
16	44	72		12	40	68	96	8
17	45	73		13	41	69	97	3
18	46	74		14	42	70	98	4
19	47	75		15	43	71	99	5

Kalender 1

Tag	I	II	III
1	1 8 15 22 29	5 12 19 26	5 12 19 26
2	2 9 16 23 30	6 13 20 27	6 13 20 27
3	3 10 17 24 31	7 14 21 28	7 14 21 28
4	4 11 18 25	1 8 15 22	1 8 15 22 29
5	5 12 19 26	2 9 16 23	2 9 16 23 30
6	6 13 20 27	3 10 17 24	3 10 17 24 31
7	7 14 21 28	4 11 18 25	4 11 18 25

Tag	IV	V	VI
1	2 9 16 23 30	7 14 21 28	4 11 18 25
2	3 10 17 24	1 8 15 22 29	5 12 19 26
3	4 11 18 25	2 9 16 23 30	6 13 20 27
4	5 12 19 26	3 10 17 24 31	7 14 21 28
5	6 13 20 27	4 11 18 25	1 8 15 22 29
6	7 14 21 28	5 12 19 26	2 9 16 23 30
7	1 8 15 22 29	6 13 20 27	3 10 17 24

Tag	VII	VIII	IX
1	2 9 16 23 30	6 13 20 27	3 10 17 24
2	3 10 17 24 31	7 14 21 28	4 11 18 25
3	4 11 18 25	1 8 15 22 29	5 12 19 26
4	5 12 19 26	2 9 16 23 30	6 13 20 27
5	6 13 20 27	3 10 17 24 31	7 14 21 28
6	7 14 21 28	4 11 18 25	1 8 15 22 29
7	1 8 15 22 29	5 12 19 26	2 9 16 23 30

Tag	X	XI	XII
1	1 8 15 22 29	5 12 19 26	3 10 17 24 31
2	2 9 16 23 30	6 13 20 27	4 11 18 25
3	3 10 17 24 31	7 14 21 28	5 12 19 26
4	4 11 18 25	1 8 15 22 29	6 13 20 27
5	5 12 19 26	2 9 16 23 30	7 14 21 28
6	6 13 20 27	3 10 17 24	1 8 15 22 29
7	7 14 21 28	4 11 18 25	2 9 16 23 30

Kalender 8

Tag	I	II	III
1	1 8 15 22 29	5 12 19 26	4 11 18 25
2	2 9 16 23 30	6 13 20 27	5 12 19 26
3	3 10 17 24 31	7 14 21 28	6 13 20 27
4	4 11 18 25	1 8 15 22 29	7 14 21 28
5	5 12 19 26	2 9 16 23	1 8 15 22 29
6	6 13 20 27	3 10 17 24	2 9 16 23 30
7	7 14 21 28	4 11 18 25	3 10 17 24 31

Tag	IV	V	VI
1	1 8 15 22 29	6 13 20 27	3 10 17 24
2	2 9 16 23 30	7 14 21 28	4 11 18 25
3	3 10 17 24	1 8 15 22 29	5 12 19 26
4	4 11 18 25	2 9 16 23 30	6 13 20 27
5	5 12 19 26	3 10 17 24 31	7 14 21 28
6	6 13 20 27	4 11 18 25	1 8 15 22 29
7	7 14 21 28	5 12 19 26	2 9 16 23 30

Tag	VII	VIII	IX
1	1 8 15 22 29	5 12 19 26	2 9 16 23 30
2	2 9 16 23 30	6 13 20 27	3 10 17 24
3	3 10 17 24 31	7 14 21 28	4 11 18 25
4	4 11 18 25	1 8 15 22 29	5 12 19 26
5	5 12 19 26	2 9 16 23 30	6 13 20 27
6	6 13 20 27	3 10 17 24 31	7 14 21 28
7	7 14 21 28	4 11 18 25	1 8 15 22 29

Tag	X	XI	XII
1	7 14 21 28	4 11 18 25	2 9 16 23 30
2	1 8 15 22 29	5 12 19 26	3 10 17 24 31
3	2 9 16 23 30	6 13 20 27	4 11 18 25
4	3 10 17 24 31	7 14 21 28	5 12 19 26
5	4 11 18 25	1 8 15 22 29	6 13 20 27
6	5 12 19 26	2 9 16 23 30	7 14 21 28
7	6 13 20 27	3 10 17 24	1 8 15 22 29

	I	II	III	IV	V	VI	VII	VIII	IX	X	XI	XII
1	7 14 21 28	4 11 18 25	4 11 18 25	1 8 15 22 29	6 13 20 27	3 10 17 24	1 8 15 22 29	5 12 19 26	2 9 16 23 30	7 14 21 28	4 11 18 25	2 9 16 23 30
2	1 8 15 22 29	5 12 19 26	5 12 19 26	2 9 16 23 30	7 14 21 28	4 11 18 25	2 9 16 23 30	6 13 20 27	3 10 17 24	1 8 15 22 29	5 12 19 26	3 10 17 24 31
3	2 9 16 23 30	6 13 20 27	6 13 20 27	3 10 17 24	1 8 15 22 29	5 12 19 26	3 10 17 24 31	7 14 21 28	4 11 18 25	2 9 16 23 30	6 13 20 27	4 11 18 25
4	3 10 17 24 31	7 14 21 28	7 14 21 28	4 11 18 25	2 9 16 23 30	6 13 20 27	4 11 18 25	1 8 15 22 29	5 12 19 26	3 10 17 24 31	7 14 21 28	5 12 19 26
5	4 11 18 25	1 8 15 22	1 8 15 22 29	5 12 19 26	3 10 17 24 31	7 14 21 28	5 12 19 26	2 9 16 23 30	6 13 20 27	4 11 18 25	1 8 15 22 29	6 13 20 27
6	5 12 19 26	2 9 16 23	2 9 16 23 30	6 13 20 27	4 11 18 25	1 8 15 22 29	6 13 20 27	3 10 17 24 31	7 14 21 28	5 12 19 26	2 9 16 23 30	7 14 21 28
7	6 13 20 27	3 10 17 24	3 10 17 24 31	7 14 21 28	5 12 19 26	2 9 16 23 30	7 14 21 28	4 11 18 25	1 8 15 22 29	6 13 20 27	3 10 17 24	1 8 15 22 29

	I	II	III	IV	V	VI	VII	VIII	IX	X	XI	XII
1	7 14 21 28	4 11 18 25	3 10 17 24 31	7 14 21 28	5 12 19 26	2 9 16 23 30	7 14 21 28	4 11 18 25	1 8 15 22 29	6 13 20 27	3 10 17 24	1 8 15 22 29
2	1 8 15 22 29	5 12 19 26	4 11 18 25	1 8 15 22 29	6 13 20 27	3 10 17 24	1 8 15 22 29	5 12 19 26	2 9 16 23 30	7 14 21 28	4 11 18 25	2 9 16 23 30
3	2 9 16 23 30	6 13 20 27	5 12 19 26	2 9 16 23 30	7 14 21 28	4 11 18 25	2 9 16 23 30	6 13 20 27	3 10 17 24	1 8 15 22 29	5 12 19 26	3 10 17 24 31
4	3 10 17 24 31	7 14 21 28	6 13 20 27	3 10 17 24	1 8 15 22 29	5 12 19 26	3 10 17 24 31	7 14 21 28	4 11 18 25	2 9 16 23 30	6 13 20 27	4 11 18 25
5	4 11 18 25	1 8 15 22 29	7 14 21 28	4 11 18 25	2 9 16 23 30	6 13 20 27	4 11 18 25	1 8 15 22 29	5 12 19 26	3 10 17 24 31	7 14 21 28	5 12 19 26
6	5 12 19 26	2 9 16 23	1 8 15 22 29	5 12 19 26	3 10 17 24 31	7 14 21 28	5 12 19 26	2 9 16 23 30	6 13 20 27	4 11 18 25	1 8 15 22 29	6 13 20 27
7	6 13 20 27	3 10 17 24	2 9 16 23 30	6 13 20 27	4 11 18 25	1 8 15 22 29	6 13 20 27	3 10 17 24 31	7 14 21 28	5 12 19 26	2 9 16 23 30	7 14 21 28

	I	II	III	IV	V	VI	VII	VIII	IX	X	XI	XII
1	6 13 20 27	3 10 17 24	3 10 17 24 31	7 14 21 28	5 12 19 26	2 9 16 23 30	7 14 21 28	4 11 18 25	1 8 15 22 29	6 13 20 27	3 10 17 24	1 8 15 22 29
2	7 14 21 28	4 11 18 25	4 11 18 25	1 8 15 22 29	6 13 20 27	3 10 17 24	1 8 15 22 29	5 12 19 26	2 9 16 23 30	7 14 21 28	4 11 18 25	2 9 16 23 30
3	1 8 15 22 29	5 12 19 26	5 12 19 26	2 9 16 23 30	7 14 21 28	4 11 18 25	2 9 16 23 30	6 13 20 27	3 10 17 24	1 8 15 22 29	5 12 19 26	3 10 17 24 31
4	2 9 16 23 30	6 13 20 27	6 13 20 27	3 10 17 24	1 8 15 22 29	5 12 19 26	3 10 17 24 31	7 14 21 28	4 11 18 25	2 9 16 23 30	6 13 20 27	4 11 18 25
5	3 10 17 24 31	7 14 21 28	7 14 21 28	4 11 18 25	2 9 16 23 30	6 13 20 27	4 11 18 25	1 8 15 22 29	5 12 19 26	3 10 17 24 31	7 14 21 28	5 12 19 26
6	4 11 18 25	1 8 15 22	1 8 15 22 29	5 12 19 26	3 10 17 24 31	7 14 21 28	5 12 19 26	2 9 16 23 30	6 13 20 27	4 11 18 25	1 8 15 22 29	6 13 20 27
7	5 12 19 26	2 9 16 23	2 9 16 23 30	6 13 20 27	4 11 18 25	1 8 15 22 29	6 13 20 27	3 10 17 24 31	7 14 21 28	5 12 19 26	2 9 16 23 30	7 14 21 28

	I	II	III	IV	V	VI	VII	VIII	IX	X	XI	XII
1	6 13 20 27	3 10 17 24	2 9 16 23 30	6 13 20 27	4 11 18 25	1 8 15 22 29	6 13 20 27	3 10 17 24 31	7 14 21 28	5 12 19 26	2 9 16 23 30	7 14 21 28
2	7 14 21 28	4 11 18 25	3 10 17 24 31	7 14 21 28	5 12 19 26	2 9 16 23 30	7 14 21 28	4 11 18 25	1 8 15 22 29	6 13 20 27	3 10 17 24	1 8 15 22 29
3	1 8 15 22 29	5 12 19 26	4 11 18 25	1 8 15 22 29	6 13 20 27	3 10 17 24	1 8 15 22 29	5 12 19 26	2 9 16 23 30	7 14 21 28	4 11 18 25	2 9 16 23 30
4	2 9 16 23 30	6 13 20 27	5 12 19 26	2 9 16 23 30	7 14 21 28	4 11 18 25	2 9 16 23 30	6 13 20 27	3 10 17 24	1 8 15 22 29	5 12 19 26	3 10 17 24 31
5	3 10 17 24 31	7 14 21 28	6 13 20 27	3 10 17 24	1 8 15 22 29	5 12 19 26	3 10 17 24 31	7 14 21 28	4 11 18 25	2 9 16 23 30	6 13 20 27	4 11 18 25
6	4 11 18 25	1 8 15 22 29	7 14 21 28	4 11 18 25	2 9 16 23 30	6 13 20 27	4 11 18 25	1 8 15 22 29	5 12 19 26	3 10 17 24 31	7 14 21 28	5 12 19 26
7	5 12 19 26	2 9 16 23	1 8 15 22 29	5 12 19 26	3 10 17 24 31	7 14 21 28	5 12 19 26	2 9 16 23 30	6 13 20 27	4 11 18 25	1 8 15 22 29	6 13 20 27

4

	I	II	III
1	5 12 19 26	2 9 16 23	2 9 16 23 30
2	6 13 20 27	3 10 17 24	3 10 17 24 31
3	7 14 21 28	4 11 18 25	4 11 18 25
4	1 8 15 22 29	5 12 19 26	5 12 19 26
5	2 9 16 23 30	6 13 20 27	6 13 20 27
6	3 10 17 24 31	7 14 21 28	7 14 21 28
7	4 11 18 25	1 8 15 22	1 8 15 22 29

	IV	V	VI
1	6 13 20 27	4 11 18 25	1 8 15 22 29
2	7 14 21 28	5 12 19 26	2 9 16 23 30
3	1 8 15 22 29	6 13 20 27	3 10 17 24
4	2 9 16 23 30	7 14 21 28	4 11 18 25
5	3 10 17 24	1 8 15 22 29	5 12 19 26
6	4 11 18 25	2 9 16 23 30	6 13 20 27
7	5 12 19 26	3 10 17 24 31	7 14 21 28

	VII	VIII	IX
1	6 13 20 27	3 10 17 24 31	7 14 21 28
2	7 14 21 28	4 11 18 25	1 8 15 22 29
3	1 8 15 22 29	5 12 19 26	2 9 16 23 30
4	2 9 16 23 30	6 13 20 27	3 10 17 24
5	3 10 17 24 31	7 14 21 28	4 11 18 25
6	4 11 18 25	1 8 15 22 29	5 12 19 26
7	5 12 19 26	2 9 16 23 30	6 13 20 27

	X	XI	XII
1	5 12 19 26	2 9 16 23 30	7 14 21 28
2	6 13 20 27	3 10 17 24	1 8 15 22 29
3	7 14 21 28	4 11 18 25	2 9 16 23 30
4	1 8 15 22 29	5 12 19 26	3 10 17 24 31
5	2 9 16 23 30	6 13 20 27	4 11 18 25
6	3 10 17 24 31	7 14 21 28	5 12 19 26
7	4 11 18 25	1 8 15 22 29	6 13 20 27

11

	I	II	III
1	5 12 19 26	2 9 16 23	1 8 15 22 29
2	6 13 20 27	3 10 17 24	2 9 16 23 30
3	7 14 21 28	4 11 18 25	3 10 17 24 31
4	1 8 15 22 29	5 12 19 26	4 11 18 25
5	2 9 16 23 30	6 13 20 27	5 12 19 26
6	3 10 17 24 31	7 14 21 28	6 13 20 27
7	4 11 18 25	1 8 15 22 29	7 14 21 28

	IV	V	VI
1	5 12 19 26	3 10 17 24 31	7 14 21 28
2	6 13 20 27	4 11 18 25	1 8 15 22 29
3	7 14 21 28	5 12 19 26	2 9 16 23 30
4	1 8 15 22 29	6 13 20 27	3 10 17 24
5	2 9 16 23 30	7 14 21 28	4 11 18 25
6	3 10 17 24	1 8 15 22 29	5 12 19 26
7	4 11 18 25	2 9 16 23 30	6 13 20 27

	VII	VIII	IX
1	5 12 19 26	2 9 16 23 30	6 13 20 27
2	6 13 20 27	3 10 17 24 31	7 14 21 28
3	7 14 21 28	4 11 18 25	1 8 15 22 29
4	1 8 15 22 29	5 12 19 26	2 9 16 23 30
5	2 9 16 23 30	6 13 20 27	3 10 17 24
6	3 10 17 24 31	7 14 21 28	4 11 18 25
7	4 11 18 25	1 8 15 22 29	5 12 19 26

	X	XI	XII
1	4 11 18 25	1 8 15 22 29	6 13 20 27
2	5 12 19 26	2 9 16 23 30	7 14 21 28
3	6 13 20 27	3 10 17 24	1 8 15 22 29
4	7 14 21 28	4 11 18 25	2 9 16 23 30
5	1 8 15 22 29	5 12 19 26	3 10 17 24 31
6	2 9 16 23 30	6 13 20 27	4 11 18 25
7	3 10 17 24 31	7 14 21 28	5 12 19 26

5

	I	II	III
1	4 11 18 25	1 8 15 22	1 8 15 22 29
2	5 12 19 26	2 9 16 23	2 9 16 23 30
3	6 13 20 27	3 10 17 24	3 10 17 24 31
4	7 14 21 28	4 11 18 25	4 11 18 25
5	1 8 15 22 29	5 12 19 26	5 12 19 26
6	2 9 16 23 30	6 13 20 27	6 13 20 27
7	3 10 17 24 31	7 14 21 28	7 14 21 28

	IV	V	VI
1	5 12 19 26	3 10 17 24 31	7 14 21 28
2	6 13 20 27	4 11 18 25	1 8 15 22 29
3	7 14 21 28	5 12 19 26	2 9 16 23 30
4	1 8 15 22 29	6 13 20 27	3 10 17 24
5	2 9 16 23 30	7 14 21 28	4 11 18 25
6	3 10 17 24	1 8 15 22 29	5 12 19 26
7	4 11 18 25	2 9 16 23 30	6 13 20 27

	VII	VIII	IX
1	5 12 19 26	2 9 16 23 30	6 13 20 27
2	6 13 20 27	3 10 17 24 31	7 14 21 28
3	7 14 21 28	4 11 18 25	1 8 15 22 29
4	1 8 15 22 29	5 12 19 26	2 9 16 23 30
5	2 9 16 23 30	6 13 20 27	3 10 17 24
6	3 10 17 24 31	7 14 21 28	4 11 18 25
7	4 11 18 25	1 8 15 22 29	5 12 19 26

	X	XI	XII
1	4 11 18 25	1 8 15 22 29	6 13 20 27
2	5 12 19 26	2 9 16 23 30	7 14 21 28
3	6 13 20 27	3 10 17 24	1 8 15 22 29
4	7 14 21 28	4 11 18 25	2 9 16 23 30
5	1 8 15 22 29	5 12 19 26	3 10 17 24 31
6	2 9 16 23 30	6 13 20 27	4 11 18 25
7	3 10 17 24 31	7 14 21 28	5 12 19 26

12

	I	II	III
1	4 11 18 25	1 8 15 22 29	7 14 21 28
2	5 12 19 26	2 9 16 23	1 8 15 22 29
3	6 13 20 27	3 10 17 24	2 9 16 23 30
4	7 14 21 28	4 11 18 25	3 10 17 24 31
5	1 8 15 22 29	5 12 19 26	4 11 18 25
6	2 9 16 23 30	6 13 20 27	5 12 19 26
7	3 10 17 24 31	7 14 21 28	6 13 20 27

	IV	V	VI
1	4 11 18 25	2 9 16 23 30	6 13 20 27
2	5 12 19 26	3 10 17 24 31	7 14 21 28
3	6 13 20 27	4 11 18 25	1 8 15 22 29
4	7 14 21 28	5 12 19 26	2 9 16 23 30
5	1 8 15 22 29	6 13 20 27	3 10 17 24
6	2 9 16 23 30	7 14 21 28	4 11 18 25
7	3 10 17 24	1 8 15 22 29	5 12 19 26

	VII	VIII	IX
1	4 11 18 25	1 8 15 22 29	5 12 19 26
2	5 12 19 26	2 9 16 23 30	6 13 20 27
3	6 13 20 27	3 10 17 24 31	7 14 21 28
4	7 14 21 28	4 11 18 25	1 8 15 22 29
5	1 8 15 22 29	5 12 19 26	2 9 16 23 30
6	2 9 16 23 30	6 13 20 27	3 10 17 24
7	3 10 17 24 31	7 14 21 28	4 11 18 25

	X	XI	XII
1	3 10 17 24 31	7 14 21 28	5 12 19 26
2	4 11 18 25	1 8 15 22 29	6 13 20 27
3	5 12 19 26	2 9 16 23 30	7 14 21 28
4	6 13 20 27	3 10 17 24	1 8 15 22 29
5	7 14 21 28	4 11 18 25	2 9 16 23 30
6	1 8 15 22 29	5 12 19 26	3 10 17 24 31
7	2 9 16 23 30	6 13 20 27	4 11 18 25

6

	I	II	III
1	3 10 17 24 31	7 14 21 28	7 14 21 28
2	4 11 18 25	1 8 15 22	1 8 15 22 29
3	5 12 19 26	2 9 16 23	2 9 16 23 30
4	6 13 20 27	3 10 17 24	3 10 17 24 31
5	7 14 21 28	4 11 18 25	4 11 18 25
6	1 8 15 22 29	5 12 19 26	5 12 19 26
7	2 9 16 23 30	6 13 20 27	6 13 20 27

	IV	V	VI
1	4 11 18 25	2 9 16 23 30	6 13 20 27
2	5 12 19 26	3 10 17 24 31	7 14 21 28
3	6 13 20 27	4 11 18 25	1 8 15 22 29
4	7 14 21 28	5 12 19 26	2 9 16 23 30
5	1 8 15 22 29	6 13 20 27	3 10 17 24
6	2 9 16 23 30	7 14 21 28	4 11 18 25
7	3 10 17 24	1 8 15 22 29	5 12 19 26

	VII	VIII	IX
1	4 11 18 25	1 8 15 22 29	5 12 19 26
2	5 12 19 26	2 9 16 23 30	6 13 20 27
3	6 13 20 27	3 10 17 24 31	7 14 21 28
4	7 14 21 28	4 11 18 25	1 8 15 22 29
5	1 8 15 22 29	5 12 19 26	2 9 16 23 30
6	2 9 16 23 30	6 13 20 27	3 10 17 24
7	3 10 17 24 31	7 14 21 28	4 11 18 25

	X	XI	XII
1	3 10 17 24 31	7 14 21 28	5 12 19 26
2	4 11 18 25	1 8 15 22 29	6 13 20 27
3	5 12 19 26	2 9 16 23 30	7 14 21 28
4	6 13 20 27	3 10 17 24	1 8 15 22 29
5	7 14 21 28	4 11 18 25	2 9 16 23 30
6	1 8 15 22 29	5 12 19 26	3 10 17 24 31
7	2 9 16 23 30	6 13 20 27	4 11 18 25

13

	I	II	III
1	3 10 17 24 31	7 14 21 28	6 13 20 27
2	4 11 18 25	1 8 15 22 29	7 14 21 28
3	5 12 19 26	2 9 16 23	1 8 15 22 29
4	6 13 20 27	3 10 17 24	2 9 16 23 30
5	7 14 21 28	4 11 18 25	3 10 17 24 31
6	1 8 15 22 29	5 12 19 26	4 11 18 25
7	2 9 16 23 30	6 13 20 27	5 12 19 26

	IV	V	VI
1	3 10 17 24	1 8 15 22 29	5 12 19 26
2	4 11 18 25	2 9 16 23 30	6 13 20 27
3	5 12 19 26	3 10 17 24 31	7 14 21 28
4	6 13 20 27	4 11 18 25	1 8 15 22 29
5	7 14 21 28	5 12 19 26	2 9 16 23 30
6	1 8 15 22 29	6 13 20 27	3 10 17 24
7	2 9 16 23 30	7 14 21 28	4 11 18 25

	VII	VIII	IX
1	3 10 17 24 31	7 14 21 28	4 11 18 25
2	4 11 18 25	1 8 15 22 29	5 12 19 26
3	5 12 19 26	2 9 16 23 30	6 13 20 27
4	6 13 20 27	3 10 17 24 31	7 14 21 28
5	7 14 21 28	4 11 18 25	1 8 15 22 29
6	1 8 15 22 29	5 12 19 26	2 9 16 23 30
7	2 9 16 23 30	6 13 20 27	3 10 17 24

	X	XI	XII
1	2 9 16 23 30	6 13 20 27	4 11 18 25
2	3 10 17 24 31	7 14 21 28	5 12 19 26
3	4 11 18 25	1 8 15 22 29	6 13 20 27
4	5 12 19 26	2 9 16 23 30	7 14 21 28
5	6 13 20 27	3 10 17 24	1 8 15 22 29
6	7 14 21 28	4 11 18 25	2 9 16 23 30
7	1 8 15 22 29	5 12 19 26	3 10 17 24 31

7

	I	II	III
1	2 9 16 23 30	6 13 20 27	6 13 20 27
2	3 10 17 24 31	7 14 21 28	7 14 21 28
3	4 11 18 25	1 8 15 22	1 8 15 22 29
4	5 12 19 26	2 9 16 23	2 9 16 23 30
5	6 13 20 27	3 10 17 24	3 10 17 24 31
6	7 14 21 28	4 11 18 25	4 11 18 25
7	1 8 15 22 29	5 12 19 26	5 12 19 26

	IV	V	VI
1	3 10 17 24	1 8 15 22 29	5 12 19 26
2	4 11 18 25	2 9 16 23 30	6 13 20 27
3	5 12 19 26	3 10 17 24 31	7 14 21 28
4	6 13 20 27	4 11 18 25	1 8 15 22 29
5	7 14 21 28	5 12 19 26	2 9 16 23 30
6	1 8 15 22 29	6 13 20 27	3 10 17 24
7	2 9 16 23 30	7 14 21 28	4 11 18 25

	VII	VIII	IX
1	3 10 17 24 31	7 14 21 28	4 11 18 25
2	4 11 18 25	1 8 15 22 29	5 12 19 26
3	5 12 19 26	2 9 16 23 30	6 13 20 27
4	6 13 20 27	3 10 17 24 31	7 14 21 28
5	7 14 21 28	4 11 18 25	1 8 15 22 29
6	1 8 15 22 29	5 12 19 26	2 9 16 23 30
7	2 9 16 23 30	6 13 20 27	3 10 17 24

	X	XI	XII
1	2 9 16 23 30	6 13 20 27	4 11 18 25
2	3 10 17 24 31	7 14 21 28	5 12 19 26
3	4 11 18 25	1 8 15 22 29	6 13 20 27
4	5 12 19 26	2 9 16 23 30	7 14 21 28
5	6 13 20 27	3 10 17 24	1 8 15 22 29
6	7 14 21 28	4 11 18 25	2 9 16 23 30
7	1 8 15 22 29	5 12 19 26	3 10 17 24 31

14

	I	II	III
1	2 9 16 23 30	6 13 20 27	5 12 19 26
2	3 10 17 24 31	7 14 21 28	6 13 20 27
3	4 11 18 25	1 8 15 22 29	7 14 21 28
4	5 12 19 26	2 9 16 23	1 8 15 22 29
5	6 13 20 27	3 10 17 24	2 9 16 23 30
6	7 14 21 28	4 11 18 25	3 10 17 24 31
7	1 8 15 22 29	5 12 19 26	4 11 18 25

	IV	V	VI
1	2 9 16 23 30	7 14 21 28	4 11 18 25
2	3 10 17 24	1 8 15 22 29	5 12 19 26
3	4 11 18 25	2 9 16 23 30	6 13 20 27
4	5 12 19 26	3 10 17 24 31	7 14 21 28
5	6 13 20 27	4 11 18 25	1 8 15 22 29
6	7 14 21 28	5 12 19 26	2 9 16 23 30
7	1 8 15 22 29	6 13 20 27	3 10 17 24

	VII	VIII	IX
1	2 9 16 23 30	6 13 20 27	3 10 17 24
2	3 10 17 24 31	7 14 21 28	4 11 18 25
3	4 11 18 25	1 8 15 22 29	5 12 19 26
4	5 12 19 26	2 9 16 23 30	6 13 20 27
5	6 13 20 27	3 10 17 24 31	7 14 21 28
6	7 14 21 28	4 11 18 25	1 8 15 22 29
7	1 8 15 22 29	5 12 19 26	2 9 16 23 30

	X	XI	XII
1	1 8 15 22 29	5 12 19 26	3 10 17 24 31
2	2 9 16 23 30	6 13 20 27	4 11 18 25
3	3 10 17 24 31	7 14 21 28	5 12 19 26
4	4 11 18 25	1 8 15 22 29	6 13 20 27
5	5 12 19 26	2 9 16 23 30	7 14 21 28
6	6 13 20 27	3 10 17 24	1 8 15 22 29
7	7 14 21 28	4 11 18 25	2 9 16 23 30

Auf welchen Wochentag fällt (fiel) ein bestimmtes Datum?

Ein Jahr beginnt mit einem der 7 Wochentage und kann Gemeinjahr oder Schaltjahr sein. So sind die auf den letzten Seiten befindlichen 14 Jahreskalender möglich. Nrn. 1–7 gelten für Gemeinjahre, Nrn. 8–14 für Schaltjahre. Die Monate sind mit römischen Zahlen, die Wochentage mit kursiven arabischen Zahlen angegeben, wobei 1 = Mo, 2 = Di, 3 = Mi ... 7 = So ist. In einer Jahreszahlentabelle sind in Spalte K die Nummern der den Jahren entsprechenden Kalender zu finden.

Die Jahreszahlentabelle entspricht dem 400jährigen Zyklus des Gregorianischen Kalenders, d. h., daß der sich bei Division der Jahreszahl durch 400 ergebende Rest den Jahreskalender eindeutig bestimmt. Für die Zeit vor 1582 hat die Jahreszahlentabelle nur theoretischen Wert, weil der Gregorianische Kalender erst seit dem 15. Oktober 1582 benutzt wird.

Auf welchen Wochentag fiel der 27. April 1590?

1590 fällt in den Bereich der Tabelle 300...399, weil 1590 : 400 den Rest 390 ergibt. Neben der Jahreszahl 90 ist in Spalte K Kalender 1 zu finden. Im Kalender 1 ist der 27. IV. ein Freitag (5). Für 1990 und 2390 ergibt sich ebenfalls Kalender 1.

In welchen Jahren ist der 1. April Sonntag?

Man sucht die Kalender, in denen der 1. IV. auf Sonntag (7) fällt: Kalender 1 und Kalender 14. In der Jahreszahlentabelle sind nun in Spalte K die Zahlen 1 und 14 zu suchen und die zugehörigen Jahreszahlen herauszulesen. Es sind so viele, daß hier nur einige angegeben werden können: Kalender 1: 1900, 1906, 1917, 1923, 1934, 1945, 1951, 1962, 1973, 1979, 1990; Kalender 14: 1928, 1956, 1984.